Die Physik der Verbrennungserscheinungen

Von

Dr. Heinrich Mache,
o. ö. Professor an der Technischen Hochschule
in Wien

Mit 43 Abbildungen im Text und auf 2 Tafeln

Verlag von Veit & Comp. in Leipzig
1918

Druck von Metzger & Wittig in Leipzig.

Vorwort.

Die Untersuchungen von Bunsen, Berthelot, Le Chatelier, Mallard, Nernst, Bunte, Haber und vieler anderer gelten hauptsächlich der Chemie des Verbrennungsvorganges. Mit den Formen der Flamme und der physikalischen Erklärung dieser Formen beschäftigten sich hingegen bisher nur wenige Autoren. Außer einigen gelegentlichen Bemerkungen von Gouy sowie von Mallard und Le Chatelier sind hier nur die Untersuchungen Michelsons zu nennen. Daß aber der Gegenstand der Wichtigkeit nicht entbehrt, erhellt aus der Bemerkung, daß er mit den physikalischen Grundlagen für eine Theorie der Verbrennungsmotoren wie auch für die Theorie der Feuerwaffen auf das Innigste zusammenhängt.

Diesen beiden Anwendungsgebieten entsprechend, wie aus anderen Gründen werden im folgenden die Verbrennungserscheinungen an gasförmigen und festen Brennstoffen gesondert behandelt, obwohl natürlich der Grundvorgang in beiden Fällen der gleiche ist. Eine abgeschlossene Theorie des Verbrennungsvorganges im Explosionsmotor oder im Geschütz wird nicht geboten, wenn auch die Ansätze hierfür so weit entwickelt werden, als dies zurzeit bei Beschränkung auf Ausdrücke geschlossener Form möglich ist.

Es sei erwähnt, daß, als sich der Verfasser selbst schon vor 20 Jahren mit diesem Gegenstand zu beschäftigen begann, ihm leider zunächst die erwähnten früheren mit den Flammen sich beschäftigenden Arbeiten zum Teil unbekannt blieben und daß die hier versuchte zusammenfassende Darstellung ihm eine erwünschte Gelegenheit bietet, diese früheren Arbeiten gebührend zu berücksichtigen. Es betrifft dies besonders eine in russischer Sprache verfaßte Abhandlung Michelsons, auf die ihn aufmerksam zu machen der Herr Autor selbst die Güte hatte.

Die Explosionswelle, deren experimentelle Untersuchung Berthelot und deren theoretische Behandlung vor allem Jouguet angebahnt hat, wird in den folgenden Ausführungen nicht besprochen; sie beschränken sich mit Absicht auf den Vorgang der ruhigen Verbrennung unter hydrostatischem Gleichgewicht, der für Motor und Geschütz allein in Frage kommt.

Auch die Thermodynamik des Verbrennungsvorganges, die Elektrizitätsleitung und Lichtemission der Flamme werden nicht behandelt. Es genüge hier der Hinweis auf Habers bekanntes Buch („Thermodynamik technischer Gasreaktionen") und auf den Abschnitt „Flammenleitung" in Bd. IV von Marx Handbuch der Radiologie.

Es ist dem Verfasser eine angenehme Pflicht, Herrn Dr. L. Flamm für wertvolle Mitarbeit, besonders in §§ 12 und 14, Fräulein G. Müller für Anfertigung der Photographien zu § 8 seinen wärmsten Dank auszusprechen. Desgleichen der Verlagsbuchhandlung für ihr mannigfaches, unter den jetzt so schwierigen Verhältnissen des Büchermarktes besonders anzuerkennendes Entgegenkommen.

Wien, im Februar 1918.

H. Mache.

Inhaltsverzeichnis.

Erster Abschnitt. Die Verbrennungserscheinungen in Gasen.

I. Abschnitt.

Die Verbrennungserscheinungen in Gasen.

Einleitung.

Beginnen wir mit dem folgenden, meines Wissens zuerst von Teclu beschriebenen Versuch:

Bei der Öffnung *a* tritt Leuchtgas aus der Leitung in eine größere Glaskugel, in der es sich mit Luft mengt. Entzündet man bei *A*, so entsteht dort die bekannte, aus Innenkegel und Mantel (Außenkegel) bestehende Flamme des Bunsenbrenners. Wird die Gaszufuhr abgesperrt, so wird der Innenkegel immer niedriger und flacher. Schließlich tritt er, während der Mantel oben zurückbleibt, in das Rohr ein (Teilung der Flamme). Die Brennfläche hat hierbei die Form einer zur Rohrachse senkrechten Ebene erhalten; nur der Rand ist etwas nach oben gebogen, so daß sie in engeren Röhren das Aussehen eines Wassermeniskus erhält. Diese Brennfläche schreitet zuerst sehr langsam, später schneller von oben nach unten durch das Rohr, bringt aber, sobald sie unten bei *B* austritt, das in der Kugel befindliche Knallgas[1] unter Explosionsgeräusch sehr schnell zur Verbrennung. Man beachte die ganz verschiedene Geschwindigkeit, mit welcher der Verbrennungsvorgang im Rohr und in der Kugel verläuft.

Legt man vorher bei *A* ein Drahtnetz über das Rohr, so dringt die Flamme nicht ein.

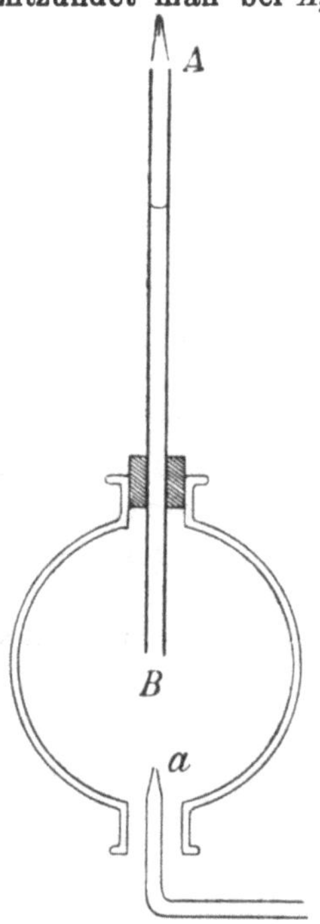

Fig. 1.

[1] Es sei der Kürze des Ausdrucks wegen gestattet, ein jedes explosives Gasgemisch als „Knallgas“ zu bezeichnen, obwohl man in der Regel darunter ein Wasserstoff-Sauerstoffgemisch versteht.

Dieser einfache Versuch zeigt fast alle Erscheinungen auf, die von uns im ersten Teil der Reihe nach besprochen werden sollen.

§ 1. Begriff der Verbrennungsgeschwindigkeit.

In einem beiderseits offenen Rohre, das weit genug ist, um den Einfluß der Wand vernachlässigen zu können, der die oben erwähnte Aufbiegung des Randes veranlaßt und das kurz genug ist, um vollen Druckausgleich zu ermöglichen, sei ein homogenes brennbares Gasgemisch enthalten und die Verbrennung in Form einer zur Rohrachse senkrechten ebenen Brennfläche eingeleitet. Sie schreitet dann mit einer bestimmten, dem Gasgemisch eigentümlichen Verbrennungsgeschwindigkeit c im Rohre weiter.[1] Der Vorgang ist hierbei, wie schon Bunsen erkannt hat, der folgende:

Die Schicht, welche gerade verbrennt, hat eine durch die Zufuhr der Verbrennungswärme bedingte hohe Temperatur, die Verbrennungstemperatur ϑ''. Ist durch Wärmeübergang die angrenzende Schicht von der Anfangstemperatur ϑ' bis auf die Entzündungstemperatur $\vartheta^{(z)}$ erhitzt, so verbrennt auch sie; von ihr aus die nächstfolgende und so fort, bis die Brennfläche durch das ganze Rohr gewandert ist. Es erhellt hieraus, daß die Verbrennungsgeschwindigkeit des Gasgemisches mit der Größe des Wärmeüberganges zwischen Flamme und Knallgas zusammenhängen muß.

Ist das Gasgemisch im Rohr nicht in Ruhe, sondern strömt es der Brennfläche entgegen, wie etwa in Teclus Versuch, so wird die Fortpflanzungsgeschwindigkeit der Verbrennung scheinbar um den vollen Betrag der Strömungsgeschwindigkeit u vermindert, ja, sie kann selbst negativ werden, wenn das Gas rascher zuströmt als verbrennt. Ist im besonderen Fall die Strömungsgeschwindigkeit gleich der Verbrennungsgeschwindigkeit ($u = c$), so wird die Brennfläche in Ruhe erscheinen. Jetzt trifft jedes Teilchen des Gasgemisches gerade auf Entzündungstemperatur erhitzt in der Brennfläche ein und bewirkt so deren Erhaltung. Hieraus ergibt sich die Richtigkeit des folgenden Satzes:

Die Verbrennungsgeschwindigkeit ist diejenige Geschwindigkeit, mit welcher das brennbare Gasgemisch gegen die Brennfläche bewegt

[1] Es wird hier dem Ausdruck „Verbrennungsgeschwindigkeit“ vor dem üblicheren Ausdruck „Entzündungsgeschwindigkeit“ der Vorzug gegeben, was sich überhaupt empfehlen dürfte; es bleibt dann das Wort „Entzündungsgeschwindigkeit“ frei, um in Übereinstimmung mit dem Sprachgebrauch die Geschwindigkeit zu bezeichnen, mit der sich die Verbrennung über die Oberfläche eines Brennstoffs in einer sauerstoffhaltigen Atmosphäre ausbreitet. Eine Verwechslung der hier als Verbrennungsgeschwindigkeit bezeichneten Größe mit der „Reaktionsgeschwindigkeit“ ist wohl ausgeschlossen.

werden muß, um von ihr aus erhitzt, dort gerade mit Entzündungstemperatur einzutreffen.

Hierdurch ist auch, wie zuerst Mallard und Le Chatelier[1] bemerkten, grundsätzlich ein Zusammenhang zwischen der Verbrennungsgeschwindigkeit und der Anfangstemperatur des Knallgases gegeben; denn da in der Flächeneinheit der Brennfläche sekundlich das Gasvolumen c einströmt, so ist, wenn wir mit ϱ die Dichte des Knallgases und mit c_p den Mittelwert seiner spezifischen Wärme unter konstantem Druck im Temperaturbereich ϑ' bis $\vartheta^{(z)}$ bezeichnen, die in der Zeiteinheit durch die Einheit der Brennfläche in das Knallgas durch Wärmeübergang eindringende Wärmemenge

$$W = c\,\varrho\,c_p\,(\vartheta^{(z)} - \vartheta') \text{ und } c = \frac{W}{\varrho\,c_p\,(\vartheta^{(z)} - \vartheta')}\,.$$

Hierin ist aber W Funktion des Druckes und auch von der Anfangstemperatur nicht unabhängig.

Aus Gründen der Kontinuität muß, Druckausgleich vorausgesetzt, die durch jeden Querschnitt des Rohres sekundlich strömende Gasmasse überall vor und nach der Verbrennung die gleiche sein. Dann ist die in der bisherigen Weise gekennzeichnete Verbrennungsgeschwindigkeit verschieden groß, je nachdem wir sie auf das explosive Gasgemisch bei Anfangstemperatur oder bei Entzündungstemperatur beziehen. Bezieht man sie, wie dies üblich ist, auf die Anfangstemperatur — wir wollen die so gemessene Verbrennungsgeschwindigkeit mit c' bezeichnen —, so ist die Geschwindigkeit, mit der das Knallgas in die Brennfläche wirklich einströmt,

$$c^{(z)} = c'\frac{T^{(z)}}{T'}\,,$$

wenn T die betreffenden Temperaturen auf der absoluten Skala bezeichnet. Mit noch weit größerer Geschwindigkeit c'' strömt das Verbrennungsprodukt von der anderen Seite der Brennfläche ab; denn die Brennfläche ist eine Unstetigkeitsfläche in bezug auf chemische Beschaffenheit, Temperatur und Dichte, wie auch in bezug auf die Strömungsgeschwindigkeit. Infolge der gewaltigen Wärmeausdehnung, die bei der Verbrennung eintritt, wächst in ihr die Geschwindigkeit der Strömung sprungweise vom Wert $c^{(z)}$ auf den Wert

$$c'' = c^{(z)}\frac{\varrho^{(z)}}{\varrho''} = c^{(z)}\frac{R''\,T''}{R'\,T^{(z)}} = c'\,\frac{\varrho'}{\varrho''} = c'\,\frac{R''\,T''}{R'\,T'}\,,$$

---

[1] Ann. des Mines (8) 4, 343 (1883).

worin R' und R'' die Gaskonstanten, ϱ' und ϱ'' die Dichten des Gemisches vor und nach der Verbrennung bezeichnen. Mit dieser Geschwindigkeit würde für einen mit dem Flammengas bewegten Beobachter die Verbrennung in das explosive Gemisch fortzuschreiten scheinen.

Es ist dies übrigens auch offenbar die Geschwindigkeit, mit der die Brennfläche sich in einem großen, gleichmäßig mit einem brennbaren Gasgemisch erfüllten Raum von einer punktförmigen Zündungsstelle ausbreiten wird, falls einerseits vollständiger Druckausgleich stattfindet und anderseits der Vorgang doch rasch genug verläuft, um für die Ausbildung von Strömungen keine Zeit zu lassen. Die Brennfläche wird hier eine Kugel sein, deren Halbmesser mit der Geschwindigkeit c'' wächst.

Auf welchen Querschnitt des Rohres wir aber auch die Verbrennungsgeschwindigkeit beziehen, so ist doch jedenfalls die durch die Einheit des Querschnitts in der Zeiteinheit streichende Masse des Gasgemenges vor und nach der Verbrennung überall die gleiche. In g/qcm sec ausgedrückt, können wir sie als Massenverbrennungsgeschwindigkeit γ des explosiven Gasgemisches bezeichnen. Ihre Angabe würde zur Kennzeichnung der Verbrennungsgeschwindigkeit am geeignesten erscheinen. Da es aber üblich ist, sie durch das bei Anfangstemperatur gemessene Volumen auszudrücken, das sekundlich im qcm der Brennfläche verbrennt,

$$\left[\frac{\text{ccm}}{\text{qcm sec}} = \frac{\text{cm}}{\text{sec}}\right],$$

so wird auch hier im folgenden unter Verbrennungsgeschwindigkeit diese oben mit c' bezeichnete Größe zu verstehen sein. Offenbar ist $\gamma = c'\varrho' = c''\varrho''$. Kann man von den Wärmeverlusten an das Rohr absehen, die sowohl ϑ'' wie $\vartheta^{(z)}$ beeinflussen werden, so hängen c' und γ außer von der Natur des explosiven Gemisches nur von der Anfangstemperatur ab, sowie vom Druck, unter dem die Verbrennung vor sich geht.

§ 2. Die Verbrennungswärme.

Die bei einer Verbrennung freiwerdende Energie pflegt durch die Verbrennungswärme angegeben zu werden. Zu ihrer Ermittlung läßt man die Verbrennung von einer Anfangstemperatur T' aus vor sich gehen, wobei die Temperatur T'' erreicht wird und kühlt dann wieder auf T' ab. Die vom Gramm des Gemisches abgegebene Wärmemenge heißt dann seine Verbrennungswärme bei der Temperatur T'; denn daß die ganze Masse während der Verbrennung zeitweise auf eine höhere Temperatur kommt, ist für die Wärmeabgabe bedeutungslos, da diese nur vom Anfangs- und Endzustand abhängt. Sind Anfangs- und Endtemperatur gleich, so ist die Wärmeabgabe die gleiche, als ob die Reaktion isotherm bei der Temperatur T' verlaufen wäre. Hingegen ist sie nach einem längst bekannten Satz von Kirchhoff von dieser Anfangs- und Endtemperatur T' nicht unabhängig.

In der Regel erfolgt die Ermittlung der Verbrennungswärme in der kalorimetrischen Bombe, also bei konstantem Volumen. Sei ein erstes Mal T_0' die Anfangs- und Endtemperatur, $T_0^{(v)''}$ die hierbei erzielte Verbrennungstemperatur und bedeutet c_v'' die spezifische Wärme des Gemisches nach der Verbrennung bei konstantem Volumen, so ist die beobachtete Wärmeabgabe, also die Verbrennungswärme bei der Temperatur T_0'

$$Q_0^{(v)} = \int_{T_0'}^{T_0^{(v)''}} c_v''\, dT.$$

Erwärmen wir ein zweites Mal zunächst auf die Temperatur T' und lassen jetzt die Verbrennung vor sich gehen, wobei nun die Temperatur $T^{(v)''}$ erreicht wird, um schließlich doch wieder auf T_0' abzukühlen, und zwar alles bei konstantem Volumen, so liefert der erste Hauptsatz der Thermodynamik die Beziehung:

$$Q_0^{(v)} = \int_{T_0'}^{T^{(v)''}} c_v''\, dT - \int_{T_0'}^{T'} c_v'\, dT,$$

wo c_v' die spezifische Wärme des Gemisches vor der Verbrennung bei konstantem Volumen bezeichnet.

Es ist nun die Verbrennungswärme $Q^{(v)}$ bei der Temperatur T' definiert durch die Gleichung:

$$Q^{(v)} = \int_{T'}^{T^{(v)''}} c_v''\, dT.$$

Hieraus folgt

$$Q_0^{(v)} = Q^{(v)} + \int_{T_0'}^{T'} (c_v'' - c_v')\, dT$$

in Übereinstimmung mit dem erwähnten Satz von Kirchhoff.

Man kann aber auch, etwa im Kalorimeter von Junkers, die Verbrennungswärme des brennbaren Gemisches bei konstantem Druck bestimmen und für ihre Abhängigkeit von der Anfangstemperatur eine ganz ähnliche Beziehung aufstellen, die hier, wo es sich in der Regel um offene Verbrennung handelt, die wichtigere sein wird.

Bei der Ausgangstemperatur T_0' wird durch Verbrennung unter konstantem Druck eine andere Temperatur $T_0^{(p)''}$ erreicht und bei Kühlung des Gemisches auf T_0' die Wärmeabgabe

$$Q_0^{(p)} = \int_{T_0'}^{T_0^{(p)''}} c_p'' \, dT$$

beobachtet, die jetzt die Verbrennungswärme für konstanten Druck bei der Temperatur T_0' darstellt.

Erwärmt man hingegen zunächst, und zwar bei konstantem Druck, auf T', erzielt bei der dann vorgenommenen Verbrennung die Temperatur $T^{(p)''}$ und kühlt wieder auf T_0' ab, so erhält man ebenso nach dem ersten Hauptsatz:

$$Q_0^{(p)} = \int_{T_0'}^{T^{(p)''}} c_p'' \, dT - \int_{T_0'}^{T'} c_p' \, dT.$$

Da die Verbrennungswärme bei konstantem Druck für die Temperatur T' durch

$$Q^{(p)} = \int_{T'}^{T^{(p)''}} c_p'' \, dT$$

gegeben ist, so folgt die analoge Beziehung:

$$Q_0^{(p)} = Q^{(p)} + \int_{T_0'}^{T'} (c_p'' - c_p') \, dT.$$

Für Gase bei geringem Druck oder bei hoher Temperatur selbst für hohen Druck gilt die Gasgleichung. Dann sind beide Verbrennungswärmen reine Temperaturfunktionen. Denn bei idealen Gasen ist die innere Energie eine reine Temperaturfunktion und es folgt mithin aus dem ersten Hauptsatz ohne weiteres, daß $Q^{(v)}$ unabhängig sein muß vom Wert des konstant gehaltenen Volumens, bei dem die Verbrennung vorgenommen wird. Aber auch die bei konstantem Druck nach außen abgegebene Arbeit ist bei idealen Gasen eine reine Temperaturfunktion und es ist somit auch $Q^{(p)}$ vom speziellen Wert des Druckes unabhängig, bei dem die Verbrennung erfolgt ist.

Bei der Verbrennung ändert sich im allgemeinen die Zahl der Molekel. Dann ist für ein und dieselbe Temperatur bei konstantem Volumen der Druck, und bei konstantem Druck das spezifische Volumen des Gasgemisches vor und nach der Verbrennung verschieden. Bezeichnet man das spezifische Volumen des explosiven Gasgemisches mit v' und das des Gemisches nach erfolgter Verbrennung mit v'', beides bei der gleichen Temperatur T' gemessen, so muß die Verbrennungswärme bei konstantem Druck um die zur Hervorbringung dieses Volumsunterschiedes zu leistende äußere Arbeit kleiner sein, als die Verbrennungswärme bei konstantem Volumen. Es gilt somit die Beziehung:

$$Q^{(p)} = Q^{(v)} - p\,(v'' - v') = Q^{(v)} - (R'' - R')\,T'.$$

Hierdurch ist die eine Verbrennungswärme aus der andern berechenbar.

Schließlich gewinnt man noch aus den oben für $Q_0^{(p)}$ gegebenen Ausdrücken die Gleichung:

$$\int_{T_0'}^{T_0^{(p)''}} c_p''\,dT = \int_{T_0'}^{T^{(p)''}} c_p''\,dT - \int_{T_0'}^{T'} c_p'\,dT\,,$$

die in der Form

$$\int_{T_0^{(p)''}}^{T^{(p)''}} c_p''\,dT - \int_{T_0'}^{T'} c_p'\,dT = 0$$

geschrieben, den Zusammenhang gibt, der für konstanten Druck zwischen der Anfangstemperatur und der Verbrennungstemperatur besteht.

Sind in einem besonderen Fall c_p'' und c_p' konstant, so gilt auch

$$c_p''\,(T^{(p)''} - T_0^{(p)''}) = c_p'\,(T' - T_0')\,,$$

d. h. es ist

$$c_p''\,T^{(p)''} - c_p'\,T' = c_p''\,T_0^{(p)''} - c_p'\,T_0' = K$$

ein konstanter Wert. Wir werden später diese Beziehung gebrauchen, wenn es sich um die Berechnung der Temperaturverteilung während und nach der Verbrennung eines explosiven Gasgemisches in einem geschlossenen Gefäß handeln wird.

Es braucht wohl kaum eigens betont zu werden, daß die obigen Betrachtungen in gleicher Weise für ein im äquivalenten Verhältnis zusammengesetztes Knallgas gelten wie auch für ein explosives Gemisch, in welchem der eine Bestandteil überwiegt oder das mit einem an der Verbrennung nicht beteiligten Gas verdünnt wurde.

§ 3. Die Verbrennungstemperatur.

Wird bei einer Verbrennung unter konstantem Volumen aus Wasserstoff und Sauerstoff 1 Mol Wasser gebildet, so beträgt bei 18° C die Verbrennungswärme 57290 cal; desgleichen wird bei Verbrennung von Kohlenoxyd mit Sauerstoff für das Mol Kohlensäure eine Verbrennungswärme von 67800 cal beobachtet. Das sind pro Gramm 3183 bzw. 1541 cal. Ist einer der Bestandteile im Überschuß vorhanden, oder ein drittes beim chemischen Umsatz unbeteiligtes Gas anwesend, so wird diese auf die Masseneinheit der gebildeten Substanz bezogene Verbrennungswärme $Q_1^{(v)}$ hierdurch erfahrungsgemäß nicht geändert. Das ermöglicht die Berechnung der Verbrennungstemperatur eines beliebigen brennbaren Gasgemisches aus den spezifischen Wärmen der Bestandteile, aus denen das Gemisch nach erfolgter Verbrennung zusammengesetzt ist.

Werden auf n g gebildete Substanz n_i g eines bei der Reaktion nicht beteiligten Gases zugesetzt und sind c_v und c_v^i die spezifischen Wärmen der gebildeten Substanz und des zugesetzten Gases, so ist die wie früher auf das Gramm des Gasgemisches bezogene Verbrennungswärme

$$Q^{(v)} = \frac{n}{n+n_i} Q_1^{(v)} = \int\limits_{T'}^{T''} \frac{n\, c_v + n_i\, c_v^i}{n+n_i}\, dT.$$

Sind die spezifischen Wärmen c_v und c_v^i, die für Gase nur von der Temperatur abhängen, für eine bestimmte Temperatur ϑ^0 C durch eine Potenzreihenentwicklung

$$a + b\vartheta + c\vartheta^2 + d\vartheta^3$$

gegeben, so ist die mittlere spezifische Wärme im Temperaturbereich ϑ_1 bis ϑ_2

$$c_m = \frac{1}{\vartheta_2 - \vartheta_1} \int\limits_{\vartheta_1}^{\vartheta_2} c\, d\vartheta = a + \frac{b}{2}(\vartheta_2 + \vartheta_1) + \frac{c}{3}(\vartheta_2^2 + \vartheta_2\vartheta_1 + \vartheta_1^2)$$
$$+ \frac{d}{4}(\vartheta_2 + \vartheta_1)(\vartheta_2^2 + \vartheta_1^2),$$

oder zwischen 0 und ϑ

$$c_m = a + \frac{b}{2}\vartheta + \frac{c}{3}\vartheta^2 + \frac{d}{4}\vartheta^3 = \alpha + \beta\vartheta + \gamma\vartheta^2 + \delta\vartheta^3.$$

Sind also α, β usw. die Koeffizienten dieser Reihe für die gebildete Substanz und α_i, β_i usw. die für das zugesetzte Gas, so gilt

$$n\, Q_1^{(v)} = (n\alpha + n_i\alpha_i)(\vartheta'' - \vartheta') + (n\beta + n_i\beta_i)(\vartheta''^2 - \vartheta'^2)$$
$$+ (n\gamma + n_i\gamma_i)(\vartheta''^3 - \vartheta'^3) + (n\delta + n_i\delta_i)(\vartheta''^4 - \vartheta'^4).$$

Man kann aus dieser Gleichung die Verbrennungstemperatur bei konstantem Volumen ϑ'' für eine beliebige Anfangstemperatur ϑ' berechnen, wobei natürlich $Q_1^{(v)}$ vermittelst des Kirchhoffschen Satzes auf die gleiche Temperatur ϑ' zu beziehen ist. In der Regel wird ϑ' gegen ϑ'' klein genug sein, daß man seine Potenzen gegen die von ϑ'' vernachlässigen kann. Wird eine beliebige Zahl an der Verbrennung unbeteiligter Gase angenommen, so wird dann schließlich ϑ'' aus der Gleichung bestimmt:

$$Q_1^{(v)} = \left(\alpha + \sum \frac{n_i}{n} \alpha_i\right)(\vartheta'' - \vartheta') + \left(\beta + \sum \frac{n_i}{n} \beta_i\right) \vartheta''^2 + \left(\gamma + \sum \frac{n_i}{n} \gamma_i\right) \vartheta''^3 + \left(\delta + \sum \frac{n_i}{n} \delta_i\right) \vartheta''^4.$$

In ganz derselben Weise kann man auch die Verbrennungstemperatur bei konstantem Druck erhalten. Man wird $Q_1^{(v)}$ durch $Q_1^{(p)}$ zu ersetzen haben, das, wenn nicht selbst bekannt, mittels der im vorigen Paragraphen abgeleiteten Beziehung aus $Q_1^{(v)}$ zu berechnen ist (für H_2O gleich 3199, für CO_2 gleich 1548 cal). Außerdem sind für alle Bestandteile die spezifischen Wärmen bei konstantem Volumen durch die bei konstantem Druck zu ersetzen, was, wenn die Reihenentwicklungen nicht ohnehin für konstanten Druck gegeben sind, in einfacher Weise dadurch geschieht, daß man zu α und jedem α_i die betreffende Gaskonstante $1{,}985/\mu$ addiert.

Die Berechnung der Verbrennungstemperatur nach den obigen Regeln wird von Mängeln in der Einstellung des chemischen Gleichgewichts und von den durch Wärmeleitung und Strahlung an die Umgebung bedingten Wärmeverlusten abgesehen, dadurch mangelhaft, daß trotz der großen hierauf bereits verwendeten Sorgfalt die Abhängigkeit der spezifischen Wärme der Gase und Dämpfe von der Temperatur für die hier in Betracht kommenden weiten Bereiche noch nicht genau bekannt ist. Unter Verwendung des Strömungsverfahrens, also für konstanten Druck, waren Holborn und Henning[1] imstande, die mittlere spezifische Wärme bis 1400° C zu bestimmen. Sie erhielten zwischen 0 und ϑ^0 C:

N_2 und CO[2]	$c_p = 0{,}2350 + 19 . 10^{-6}\, \vartheta$
O_2	$0{,}2056 + 16{,}6 . 10^{-6}\, \vartheta$
H_2	$3{,}2900 + 266 . 10^{-6}\, \vartheta$
H_2O	$0{,}4669 - 16{,}8 . 10^{-6}\, \vartheta + 44 . 10^{-9}\, \vartheta^2$
CO_2	$0{,}2010 + 74{,}2 . 10^{-6}\, \vartheta - 18 . 10^{-9}\, \vartheta^2$.

[1] Ann. d. Phys. 23, 809 (1907).

[2] c_p für Stickstoff gemessen, für die anderen zweiatomigen Gase unter der Annahme gleicher Molekularwärme berechnet.

Die nach diesen Formeln ermittelten Werte der Verbrennungstemperatur sind, von den oben erwähnten Fehlerquellen abgesehen, richtig, wenn sie 1400° C nicht überschreiten. Wendet man sie aber auf höhere Temperaturen an, so kann in dem Ergebnis zunächst bestenfalls eine Näherung erblickt werden.

Es ist darum von großem Wert, daß man in dem Explosionsverfahren von Mallard und Le Chatelier ein Mittel besitzt, die Verbrennungstemperatur eines Gemisches bei konstantem Volumen durch Druckmessungen zu bestimmen. Es genügt, das Gemisch in einer festen Bombe zu verbrennen und sowohl den Höchstwert des Explosionsdruckes p_m wie denjenigen Druck p_a zu messen, den das verbrannte Gemisch nach erfolgter Rückkühlung auf Ausgangstemperatur besitzt. Nach der Gasgleichung ist einfach

$$\frac{T''}{T'} = \frac{p_m}{p_a} .$$

Man kann aus einer Reihe von Versuchen, in denen das Mischungsverhältnis der einzelnen Bestandteile verschieden gewählt wird, die so ermittelten Verbrennungstemperaturen zur Bestimmung der spezifischen Wärme c_v der Bestandteile des verbrannten Gemisches benutzen und dann auch umgekehrt für irgendein anderes, diese Bestandteile enthaltendes Gemisch die Verbrennungstemperatur aus den so gefundenen spezifischen Wärmen berechnen.

So einfach der Grundgedanke ist, so sind die Ergebnisse dieses Verfahrens kaum sehr genau, da, abgesehen von der Schwierigkeit der Messung des Explosionsdruckes, die Pier wohl überwunden hat, die Drucksteigerung durch Dissoziation, der Druckverlust durch Wärmeabgabe an die Gefäßwand und das mangelnde Temperaturgleichgewicht Fehlerquellen darstellen, die in ihrer Gesamtwirkung schwer einzuschätzen sind. Pier[1] gibt auf Grund einer im Nernstschen Institut ausgeführten Arbeit, die später durch Bjerrum[2] weitergeführt wurde, für die mittlere Molekularwärme bei konstantem Volumen im Bereich von 0 bis 2500° C die Formeln:

N_2	$4{,}900 + 450.10^{-6}\,\vartheta$
H_2	$4{,}700 + 450.10^{-6}\,\vartheta$
H_2O	$6{,}065 + 500.10^{-6}\,\vartheta + 200.10^{-12}\,\vartheta^3$
CO_2 (bis 2100° C)	$6{,}800 + 3300.10^{-6}\,\vartheta - 950.10^{-9}\,\vartheta^2$
	$+ 100.10^{-12}\,\vartheta^3$

[1] ZS. f. Elektrochem. **15**, 536 (1909); **16**, 897 (1910).
[2] ZS. f. phys. Ch. **79**, 513 (1912).

oder für die mittlere spezifische Wärme bei konstantem Druck:

N_2 und CO	$c_p = 0{,}2459 + 16{,}1 \cdot 10^{-6}\,\vartheta$
O_2	$0{,}2152 + 14{,}1 \cdot 10^{-6}\,\vartheta$
H_2	$3{,}3425 + 225 \cdot 10^{-6}\,\vartheta$
H_2O	$0{,}4472 + 27{,}8 \cdot 10^{-6}\,\vartheta + 11{,}1 \cdot 10^{-12}\,\vartheta^3$
CO_2	$0{,}1997 + 75{,}0 \cdot 10^{-6}\,\vartheta - 21{,}6 \cdot 10^{-9}\,\vartheta^2 + 2{,}27 \cdot 10^{-12}\,\vartheta^3$.

Die folgende Zusammenstellung enthält die Verbrennungstemperaturen einiger Wasserstoff–Sauerstoffgemenge für konstanten Druck bei einer Anfangstemperatur von 18° C, und zwar einmal berechnet nach den Formeln von Holborn und Henning, das andere Mal nach denen von Pier. Außerdem finden sich die Entzündungstemperaturen verzeichnet. Sie sind den weiter unten beschriebenen Beobachtungen von Dixon und von Cassel entnommen.

Gemenge	ϱ_0	ϑ'' nach Holborn	ϑ'' nach Pier	$\vartheta^{(z)}$ nach Dixon	$\vartheta^{(z)}$ nach Cassel
$H_2 + 4\,O_2$	0,0011615	1615	1602	507	—
$H_2 + 2\,O_2$	0,0009829	2408	2411	520	429
$H_2 + O_2$	0,0007596	3029	3016	530	453
$2\,H_2 + O_2$	0,0005363	3445	3353	536	492
$4\,H_2 + O_2$	0,0003578	2699	2710	—	593

Messungen der Verbrennungstemperaturen auf experimentellem Wege sind in einwandfreier Weise erst wenige ausgeführt worden. Es bieten sich hierzu zwei verschiedene Verfahren, von denen aber nur das zweite auch für die höchsten Temperaturen brauchbar ist. Mit dem Thermoelement haben Waggener[1] und später Berkenbusch[2] unter Berücksichtigung seines Wärmeverlustes durch Ableitung und Strahlung die Temperatur der mit Leuchtgas gespeisten Bunsenflamme bestimmt. Sie beträgt bei starker Luftzufuhr im Innenkegel rund 1600° C, erreicht aber im Flammenmantel, wo das durch den Vorgang im Innenkegel auf 1600° erhitzte noch brennbare Flammengas mit der Außenluft vollständig verbrennt, ein Maximum von etwa 1800° C. Das stimmt mit der Erfahrung überein, daß in den heißesten Teilen der Bunsenflamme die Schmelztemperatur des Platins (1780° C) erreicht wird.

[1] Wied. Ann. 58, 579 (1896).
[2] Wied. Ann. 67, 649 (1899).

Genau die gleichen Temperaturen (1595 und 1802° C) mißt H. Schmidt[1] mittels des optischen Pyrometers an einem in der Flamme glühenden Platinrhodiumdraht, dessen kühlende Wirkung auf das Flammengas durch elektrische Heizung ausgeglichen wird. Doch lassen sich die Methoden der optischen Pyrometrie auch noch einfacher an in der Flamme leuchtenden Dämpfen anwenden, insoweit H. Kohn[2] wenigstens für die Dämpfe der Alkalimetalle nachgewiesen hat, daß es sich hierbei um eine reine Temperaturstrahlung handelt. Sendet man also das Licht eines galvanisch glühenden Drahtes durch die mit Salzdampf gefärbte Flamme und untersucht das Licht beider zusammen im Spektroskop, so heben sich die Emissionslinien des Salzdampfes vom kontinuierlichen Spektrum des Drahtes dann nicht ab, wenn Draht und Flammentemperatur gleich sind. Die Temperatur des Drahtes wird als Funktion der Stromstärke durch Vergleich seiner Strahlung mit der des schwarzen Körpers ermittelt. Bisher wurde aber dieses, wohl auch für die höchsten Temperaturen anwendbare Verfahren, nur an der Leuchtgasflamme geprüft und ergab dort dieselben Werte, wie die beiden vorher erwähnten Methoden.

§ 4. Die Entzündungstemperatur.

Obgleich man mit Nernst anzunehmen hat, daß die Reaktion zwischen den verbindungsfähigen Bestandteilen eines explosiven Gasgemisches bei allen Temperaturen vor sich geht, kann man doch von einer bestimmten Entzündungstemperatur sprechen, da die Reaktionsgeschwindigkeit erst von einer gewissen Temperatur ab rasch so groß wird, daß die Verbindung stürmisch verläuft und sich eine Flamme bildet. Theoretisch müßte zwar die stürmische Verbrennung von jedem vor Wärmeverlust an die Umgebung ganz und gar geschützten Gemisch nach endlicher Zeit selbsttätig erreicht werden, da die, wenn auch bei niedrigerer Temperatur zunächst kaum von Null verschiedene Wärmeentwicklung doch mit der Zeit das Gemisch in allmählich beschleunigter Selbsterhitzung auf hohe Temperaturen bringen würde. Praktisch muß aber wegen der Wärmeverluste die Zündung durch Wärme- oder Energiezufuhr (Kompression) von außen eingeleitet werden. Erst wenn die Temperatur erreicht ist, bei welcher die durch die Reaktion entwickelte Wärmemenge die Wärmeverluste an die Umgebung ausgleicht, wird ohne weitere Wärmezufuhr durch

[1] Ann. d. Phys. **29**, 971 (1909).
[2] Ann. d. Phys. **44**, 749 (1914).

Selbsterhitzung die Verbrennung erfolgen können. Man pflegt diese so für bestimmte Verhältnisse scharf definierte Temperatur als die Entzündungstemperatur des Gasgemisches zu bezeichnen. Offenbar ist sie außer von den chemischen und physikalischen Eigenschaften des Gemisches auch noch von der Größe und Beschaffenheit der umgebenden Flächen, kurz von der Größe der Wärmeverluste an die Umgebung abhängig.

Ein in äquivalentem Verhältnis hergestelltes Wasserstoff-Sauerstoffgemisch, in einem Rohr erhitzt, verbindet sich nach Dixon bei

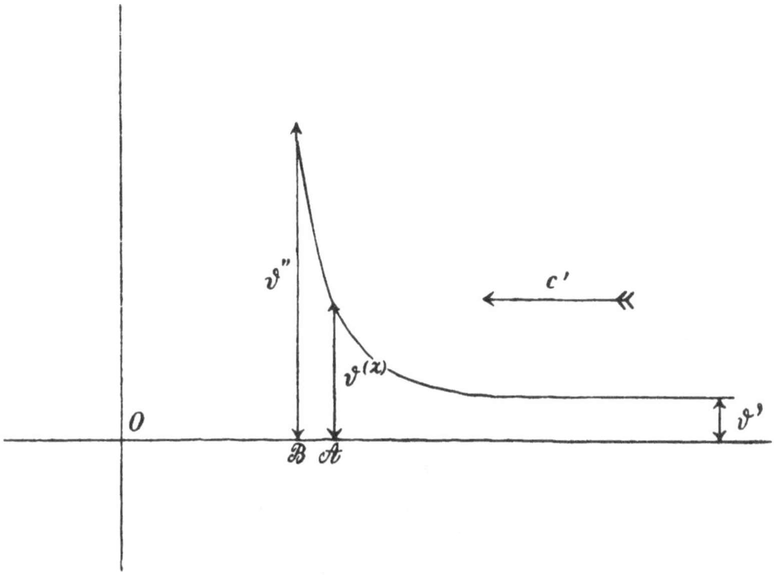

Fig. 2.

540° C noch langsam, wobei die Menge des in der Zeiteinheit gebildeten Wasserdampfes mit Fortschreiten dieser flammenlosen Verbrennung nach und nach immer geringer wird; bei Erhitzung auf 560° C tritt aber unter Flammenbildung Explosion ein. Doch kann unter Umständen auch bei 560° die Explosion unterbleiben, die Verbindung zwar rascher, aber noch immer flammenlos vor sich gehen, wenn sich das Gas in Berührung mit genügend großen Oberflächen befindet und die Wärmeverluste eine weitere Selbsterhitzung verhindern.

Betrachten wir, wie in § 1, ein mit der Verbrennungsgeschwindigkeit c' gegen eine ebene Brennfläche strömendes Gasgemisch, so wird es zunächst durch Wärmeleitung aus der Brennfläche von der Anfangstemperatur ϑ' auf die Entzündungstemperatur $\vartheta^{(z)}$ erhitzt. Bis dahin ist die durch die Reaktion entwickelte Wärme so gering, daß sie unbedenklich vernachlässigt werden kann. Hat sie aber einmal in A einen Betrag erreicht, der wenigstens zur Deckung der Wärmeverluste an die Umgebung hinreicht, so wird mit weitersteigender Temperatur die Reaktionswärme außerordentlich rasch der maßgebende Summand für die Erhitzung des Gemisches. In kürzester Zeit wird auf dem sehr kleinen Wegstück $A\ B$ zunächst noch durch Wärmezufuhr, später immer mehr durch Selbsterhitzung die Verbrennungstemperatur ϑ'' erreicht, so daß wir die Dicke der Schicht zwischen A und B in der Regel vernachlässigen, sie selbst als Brennfläche ansehen dürfen.

Natürlich wird die Stelle A noch nicht die Temperatur bezeichnen, bei der die Verbrennung auch sichtbar wird. Diese Temperatur ist nicht scharf zu bestimmen, da es außer vom Gemisch selbst und der Helligkeit der benachbarten Flamme vom Auge des Beobachters abhängt, wann eine Verbrennung optisch wahrgenommen wird. Doch liegt die Stelle, an der sie erreicht wird, zwischen A und B; sie ist also geometrisch hinlänglich bestimmt. Zwischen A und dieser Stelle erfolgt die Verbindung noch flammenlos. Die Zeit aber, welche zwischen der Erreichung der Entzündungstemperatur und dem Auftreten der Flamme verstreicht, wird hier besonders kurz sein, da die Wärmeströmung die Selbsterhitzung noch weiter unterstützt.

Die Ermittlung der Entzündungstemperaturen durch Versuche erfolgt am einwandfreisten durch ein von Nernst angegebenes Verfahren. Das Gasgemisch wird in einen Stahlzylinder gefüllt und durch Herabschlagen eines Stempels adiabatisch gerade so weit erhitzt, als eben nötig ist, um die Explosion zu erzielen. Diese Temperatur entspricht der Entzündungstemperatur unter den gegebenen Versuchsbedingungen und kann aus der Tiefe, bis zu der der Stempel eindringen mußte nach der Adiabatengleichung der Gase berechnet werden. Neben der genauen Definition der gemessenen Werte liegt der Vorteil des Verfahrens darin, daß die Gefäßwände wegen der kurzen Dauer des ganzen Vorgangs auf niedriger Temperatur bleiben und deshalb nicht katalytisch wirken können.

Die ersten auf diese Weise von Falk[1] ausgeführten Bestimmungen ergaben aber zu hohe Werte, da hierbei der Stempel einfach soweit hineingeschlagen wurde, als dies die Gegenkraft der Explosion zuließ. Die Kompression ist dann größer als nötig und von der Wucht des Schlages nicht unabhängig, worauf zuerst Dixon[2], später Cassel[3]

---

[1] Ann. d. Phys. **24**, 450 (1907).

[2] Journ. Chem. Soc. **97**, 661 (1910).

[3] Ann. d. Phys. **51**, 685 (1916).

hingewiesen haben. Man muß vielmehr den Stempel durch einen Anschlag abfangen und jenen Mindestwert der Kompression suchen, der gerade zündet. Die zugehörige Temperatur ist es dann, bei welcher die Wärmeverluste an die Umgebung eben geringer sind als die durch die Reaktion entwickelten Wärmemengen; sie bestimmt nach der oben gegebenen Definition die Entzündungstemperatur des Gemisches.

Es wurden bereits im vorhergehenden Paragraphen die so von Dixon und Cassel bestimmten Werte der Entzündungstemperatur für einige Wasserstoff–Sauerstoffgemische mitgeteilt Sie sind mit Gemischen erhalten, die bei Zimmertemperatur mit Wasserdampf gesättigt waren, was zu erwähnen ist, da scharf getrocknetes Knallgas bekanntlich schwerer explodiert. Die Unterschiede in den Ergebnissen sind noch recht beträchtlich und zwar nicht nur in quantitativer Hinsicht. Während nach Dixon Sauerstoffzusatz die Entzündungstemperatur fortschreitend erniedrigt, erreicht sie nach Cassel im Gemisch $2H_2 + 3O_2$ den tiefsten Wert (394° C). Es liegt auf der Hand, daß es ein solches Minimum jedenfalls geben muß.

§ 5. Gaskinetische Betrachtung des Wärmeübergangs in der Brennfläche.

Es wurde oben behauptet, daß die Fläche, in welcher die Entzündungstemperatur erreicht wird und diejenige, in welcher die Verbrennungstemperatur herrscht, sehr knapp aneinander liegen, daß also die Schicht, welche wir als Brennfläche bezeichnet haben. eine sehr geringe Dicke hat. Es soll dies im folgenden einer Prüfung unterworfen werden.

Wir betrachten zu diesem Zwecke einen eben begrenzten festen oder gasförmigen Körper von der unveränderlichen Temperatur $T^{(z)}$, an den unmittelbar Gas von der höheren, gleichfalls unveränderlichen Temperatur T'' anliegt. Jede Gasmolekel, welche die ebene Begrenzungsfläche des Körpers trifft, soll eindringen und durch Zusammenstöße im Mittel bis auf eine Geschwindigkeit herabgebracht werden, welche der Temperatur $T^{(z)}$ entspricht. Doch sei diese Geschwindigkeit, wie auch die ursprünglich vorhandene unter den Molekeln nach dem Maxwellschen Gesetz verteilt.

Haben dN'' Molekeln im Volumen Eins vor dem Eindringen Geschwindigkeiten zwischen v'' und $v'' + dv''$, so treten durch die Flächeneinheit in der Sekunde bekanntlich $^1/_4\, dN''\, v''$ Molekeln ein und vermehren den Energieinhalt des Körpers um den Betrag

$^1/_8\, m'' dN'' v''^3$. Integriert man nach v'' von 0 bis ∞, so wird die ganze Energiezufuhr

$$U'' = \frac{m''}{8}\int_0^\infty dN''\, v''^3$$

und wenn man nach **Maxwells** Gesetz für dN'' den Ausdruck

$$\frac{4\,N''}{\alpha''^3\sqrt{\pi}}\, v''^2\, e^{-\frac{v''^2}{\alpha''^2}}\, dv''$$

einführt und berücksichtigt, daß

$$\int_0^\infty x^5 e^{-x^2}\, dx = 1$$

ist,

$$U'' = \frac{1}{2\sqrt{\pi}}\, N''\, m''\, \alpha''^3 = \frac{1}{2\sqrt{\pi}}\, \varrho''\, \alpha''^3.$$

Wir wollen noch statt der wahrscheinlichsten Geschwindigkeit α'' die Wurzel aus dem mittleren Geschwindigkeitsquadrat G'' einführen, was mittels der Beziehung

$$\alpha'' = \sqrt{\frac{2}{3}}\, G''$$

geschieht. Das gibt

$$U'' = \frac{1}{3}\sqrt{\frac{2}{3\pi}}\, \varrho''\, G''^3.$$

Dieser Energiebetrag wird aber nicht vollständig dem Körper einverleibt, sondern nur so viel, als bis zur Erreichung des Temperaturgleichgewichts abgegeben wird. Der Rest wird von den mit der Zeit aus dem Körper durch die Begrenzungsfläche rückdiffundierenden Molekeln wieder entzogen. Daran wird nichts geändert wenn sich die Begrenzungsfläche in einer gegenüber den Geschwindigkeiten der Molekeln mäßigen Bewegung befindet.

Im stationären Zustand, den wir ausschließlich betrachten wollen, muß die Zahl der eindringenden und wieder austretenden Molekeln die gleiche sein.

Die Gesamtzahl der eindringenden Molekeln ist nun

$$\frac{1}{4}\int_0^\infty dN''\, v'' = \frac{1}{4}\int_0^\infty \frac{4\,N''}{\alpha''^3\sqrt{\pi}}\, v''^3\, e^{-\frac{v''^2}{\alpha''^2}} dv'' = \frac{N''}{2\sqrt{\pi}}\,\alpha'' = \frac{N''}{\sqrt{6\,\pi}}\, G''.$$

Ebensoviele treten aus.

Ist also $N^{(z)}$ die Zahl der im stationären Zustand im ccm des Körpers enthaltenen eingeflogenen Molekeln, $G^{(z)}$ die Wurzel aus ihrem mittleren Geschwindigkeitsquadrat und $\varrho^{(z)}$ die Partialdichte des eingedrungenen Gases, so besteht die Beziehung:

$$\frac{N''}{\sqrt{6\pi}} G'' = \frac{N^{(z)}}{\sqrt{6\pi}} G^{(z)} \quad \text{oder} \quad N^{(z)} = N'' \frac{G''}{G^{(z)}} \quad \text{und} \quad \varrho^{(z)} = \varrho'' \frac{G''}{G^{(z)}}.$$

Die zurückgebrachte Energie berechnet man wie oben unter Zugrundelegung der Maxwellschen Verteilung zu

$$U^{(z)} = \frac{1}{3}\sqrt{\frac{2}{3\pi}}\, \varrho^{(z)} G^{(z)3} = \frac{1}{3}\sqrt{\frac{2}{3\pi}}\, \varrho'' G'' G^{(z)2}.$$

Zieht man diesen Betrag von U'' ab, so ergibt sich

$$U = U'' - U' = \frac{1}{3}\sqrt{\frac{2}{3\pi}}\, \varrho'' G'' (G''^2 - G^{(z)2})$$

als Ausdruck für die sekundlich übertragene Energie. Vermittelst der Beziehungen

$$\varrho'' G''^2 = 3p, \quad G''^2 = 3R'' T'', \quad G^{(z)2} = 3R'' T^{(z)}$$

verwandelt sich das schließlich in

$$U = \sqrt{\frac{2R''}{\pi}}\, p \frac{T'' - T^{(z)}}{\sqrt{T''}}.$$

Wäre nun die Schichte, in der die Verbrennung vor sich geht, also die Brennfläche, eine Fläche im geometrischen Sinn, so würde in ihr das unverbrannte Gasgemisch von Entzündungstemperatur und das Flammengas von Verbrennungstemperatur unvermittelt aneinanderstoßen und der eben entwickelte Ausdruck wird die Wärmemenge geben, welche in diesem Grenzfall in den Brennstoff überginge und zu seiner Erhitzung auf Entzündungstemperatur und damit zur Fortpflanzung der Verbrennung verwendet würde.

Nach den Ausführungen in § 1 muß dann aus

$$U = \varkappa' \varrho' c_p' (T^{(z)} - T')$$

ein Wert für die Verbrennungsgeschwindigkeit c' erhalten werden, der den beobachteten wesentlich übertrifft, und zwar um so mehr, je dicker die Schichte ist, in der die Verbrennung erfolgt.

Für Wasserstoff-Knallgas $2H_2 + O_2$ ist

$$\varrho' = 0{,}000536, \quad T^{(z)} = 536 + 273 = 809^0,$$

T'' etwa $3400 + 273 = 3673^0$ und c_p' zwischen 0 und 536^0 C gleich 0,572. Das gibt $c' = 146$ m/sec, während Michelson die Verbrennungsgeschwindigkeit dieses Knallgases in offener Flamme auf rund 10 m/sec schätzt.

Immerhin muß es überraschen, daß der Unterschied nicht noch viel größer ist, wenn man bedenkt, daß die oben bei der gaskinetischen Berechnung gemachten Annahmen durchaus derartige sind, daß die Energieströmung zu groß gefunden wird. In der Tat ist ja erstens vorausgesetzt, daß Flammengas und Knallgas unmittelbar aneinander stoßen, während doch unter allen Umständen, selbst bei unendlich großer Reaktionsgeschwindigkeit, die Kontinuität des Temperaturgefälles, wenn auch nur auf Entfernungen von der Größe der mittleren Weglänge erhalten bleiben muß; zweitens wird vorausgesetzt, daß jede eindringende Molekel des Flammengases im Brennstoff völligen Temperaturausgleich erfährt, während mit der Möglichkeit zu rechnen wäre, daß eine gewisse Anzahl an den ersten Molekelreihen des weit dichteren Brennstoffes abprallt, ohne dessen Temperatur angenommen zu haben.

Dann wird man in der vorhergehenden Betrachtung eine Stütze für die Anschauung erblicken können, daß die Fläche, auf welcher Entzündungstemperatur herrscht, und die, in welcher die Verbrennungstemperatur erreicht wird, sich zwar nicht unmittelbar berühren, aber doch, wenigstens bei explosiveren Gemischen, einander so nahe liegen, daß für makroskopische Verhältnisse die Dicke der zwischen ihnen liegenden Schichte gleich Null gesetzt, das Temperaturgefälle in ihr als ganz außerordentlich groß angenommen werden kann.

Nebenbei sei darauf hingewiesen, daß nach der für U aufgestellten Formel die übergehende Wärmemenge dem Druck einfach proportional wäre und, da wir später zeigen werden, daß für feste Brennstoffe, wenigstens bei höheren Drucken, die Verbrennungsgeschwindigkeit ebenfalls dem Druck proportional ist, so würde daraus geschlossen werden können, daß sich die Entzündungstemperatur dieser Stoffe mit dem Druck nicht ändert. Umgekehrt würde Konstanz der Entzündungstemperatur Proportionalitat zwischen Druck und Verbrennungsgeschwindigkeit bedingen. Für Gas hätte man sich dabei auf die Massenverbrennungsgeschwindigkeit γ zu beziehen, c' würde hingegen wegen der gleichzeitigen Änderung der Dichte des unverbrannten Gases vom Druck unabhängig erscheinen können.

Namentlich für die Gase soll damit keineswegs dieses Verhalten auch als gegeben hingestellt werden. Außer den Beobachtungen Cassels, der für Wasserstoffknallgas eine beträchtliche Erniedrigung der Entzündungstemperatur mit steigendem Druck beobachtete, fehlen zurzeit noch alle weiteren Grundlagen für derartige Schlüsse.

§ 6. Berechnung der Temperaturverteilung vor der Brennfläche.

MN sei die ebene Brennfläche, die durch Gegenströmen des Gases mit der Verbrennungsgeschwindigkeit c dauernd auf der Abszisse 0 erhalten werde. Links von ihr befindet sich Flammen-

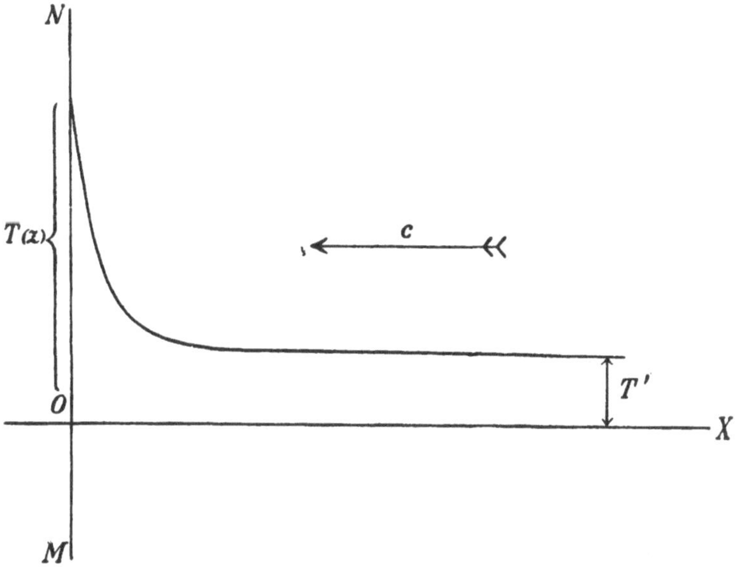

Fig. 3.

gas von der Verbrennungstemperatur T'', rechts Knallgas von der Entzündungstemperatur $T^{(z)}$, die nach dem, was früher gesagt wurde, dadurch gekennzeichnet ist, daß bis zu ihrer Erreichung die im Gasgemisch vor sich gehende Reaktion vernachlässigt werden kann.

Die Temperaturverteilung rechts von der Brennfläche wird stationär sein und kann, wie dies zuerst Michelson[1] getan hat, aus der Gleichung der linearen Wärmeströmung

$$\frac{\partial T}{\partial t} = \frac{k}{\varrho c_p} \frac{\partial^2 T}{\partial x^2}$$

berechnet werden. Sie gilt ohne weiteres für einen Beobachter, der sich mit dem Gasstrom bewegt. Für den ruhenden Beobachter ist hingegen auf Grund der gleichen Überlegung, wie sie aus der Ableitung der hydrodynamischen Grundgleichungen bekannt ist,

$$\frac{\partial T}{\partial t} - c \frac{\partial T}{\partial x} = \frac{k}{\varrho c_p} \frac{\partial^2 T}{\partial x^2}$$

[1] Über die normale Entzündungsgeschwindigkeit der Knallgasgemenge, S. 30, Moskau Universitätsdruckerei (1890).

zu schreiben. Es ist dies die Differentialgleichung der linearen Wärmeströmung in einem mit der Geschwindigkeit $-c$ bewegten Medium. Für den stationären Zustand wird $\partial T/\partial t = 0$, also auch

$$\frac{k}{c_p}\frac{\partial^2 T}{\partial x^2} + c\varrho\frac{\partial T}{\partial x} = 0.$$

Die Integration dieser Gleichung gibt uns die gesuchte Temperaturverteilung. Die beiden Konstanten sind aus den Grenzbedingungen $T = T^{(z)}$ für $x = 0$ und $T = T'$ für $x = \infty$ zu bestimmen. Das Produkt $c\varrho$ ist aus Gründen der Kontinuität jedenfalls konstant. Nehmen wir zunächst auch k und c_p als konstant an, so gibt das

$$T = (T^{(z)} - T')e^{-\frac{c\varrho c_p}{k}x} + T'$$

oder auch

$$x = \frac{k}{c\varrho c_p}\ln\frac{T^{(z)} - T'}{T - T'},$$

also eine Temperaturverteilung wie etwa in dem bekannten Despretzschen Versuche über die Wärmeleitung der Metalle. Durch die Flächeneinheit der Brennfläche strömt in der Zeiteinheit die Wärmemenge

$$-k\left(\frac{\partial T}{\partial x}\right)_{x=0}.$$

Man erhält in Übereinstimmung mit § 1 diese Wärmemenge

$$W = c\varrho c_p(T^{(z)} - T').$$

Die zahlenmäßige Auswertung dieser Temperaturverteilung für ein bestimmtes Gasgemenge kann zurzeit nur sehr genähert erfolgen, da über die Abhängigkeit der Wärmeleitungskonstanten der Gasgemische von der Temperatur bis hinauf zum Entzündungspunkt wenig bekannt ist. Beschränken wir uns auf zweiatomige Gase, so kann man deren spezilische Wärme als von der Temperatur fast unabhängig ansehen und mit dem Mittelwert rechnen. Es ist dann nur die Temperaturabhängigkeit der Wärmeleitungskonstanten zu berücksichtigen, die wir zunächst noch unbestimmt lassen können. Für variables k wird:

$$\frac{1}{c_p}\frac{\partial}{\partial x}\left(k\frac{\partial T}{\partial x}\right) + c\varrho\frac{\partial T}{\partial x} = 0.$$

Das ergibt einmal integriert

$$c\varrho(T - T') + \frac{k}{c_p}\frac{\partial T}{\partial x} = 0$$

und nach nochmaliger Integration

$$x = \frac{1}{c\varrho c_p}\int\frac{k\,dT}{T' - T},$$

wo jetzt erst k in entsprechender Weise als Funktion von T auszudrücken wäre.

Nach Eucken[1] vermag die Formel Sutherlands die Temperaturabhängigkeit der Wärmeleitfähigkeit einfacher Gase gut wiederzugeben; für Gasgemische ist hierüber nichts bekannt. Man wird aber auch hier annehmen dürfen, daß die Wärmeleitungskonstante stärker als mit der Wurzel aus der absoluten Temperatur und weniger stark als mit der ersten Potenz der absoluten Temperatur anwächst.

Führen wir die Integration für diese zwei Grenzfälle durch, so wird im ersten Fall ($k = k_0 \sqrt{T}$):

$$\int \frac{k\,d\,T}{T' - T} = k_0 \int \frac{\sqrt{T}\,d\,T}{T' - T}.$$

Setzt man $T = y^2$, so ist

$$\int \frac{\sqrt{T}\,d\,T}{T' - T} = \int \frac{2\,y^2\,dy}{y'^2 - y^2} = \int \frac{2\,y'^2\,dy}{y'^2 - y^2} - \int 2\,dy = y' \ln \frac{y + y'}{y - y'} - 2y + \text{const},$$

oder wenn man wieder T einführt und die Konstante aus der Bedingung bestimmt, daß für $x = 0$, $T = T^{(z)}$ ist:

$$x = \frac{k_0}{c\,\varrho\,c_p} \left\{ 2\left(\sqrt{T^{(z)}} - \sqrt{T}\right) + \sqrt{T'} \ln \frac{(\sqrt{T} + \sqrt{T'})(\sqrt{T^{(z)}} - \sqrt{T'})}{(\sqrt{T} - \sqrt{T'})(\sqrt{T^{(z)}} + \sqrt{T'})} \right\}.$$

Im zweiten Fall ($k = k_0 T$) ergibt sich:

$$\int \frac{k\,d\,T}{T' - T} = k_0 \int \frac{T\,d\,T}{T' - T} = k_0 \left\{ T' \ln \frac{1}{T' - T} - T + \text{const} \right\}$$

und nach Bestimmung der Konstanten:

$$x = \frac{k_0}{c\,\varrho\,c_p} \left\{ T^{(z)} - T + T' \ln \frac{T^{(z)} - T'}{T - T'} \right\}.$$

Nach Michelson[2] ist für ein Gemisch von 20 Volumsteilen H_2 und 80 Volumsteilen O_2 die Verbrennungsgeschwindigkeit $c' = 130$ cm/sec. Für das gleiche Gemisch ist nach Wassiljewa[3] bei 22° C die Wärmeleitungskonstante $k = 989 . 10^{-7}$. Das gibt nach der ersten Annahme $k_0 = 5{,}76 . 10^{-7}$ und nach der zweiten $k_0 = 3{,}35 . 10^{-7}$. Weiter ist für dieses Gemisch nach Dixon $T^{(z)} = 507 + 273 = 780°$. Die Dichte des Gemisches ist 0,00116 und seine mittlere spezifische Wärme bei konstantem Druck zwischen 0 und 507° C gleich 0,264. Für $T' = 273$ berechnet man dann unter

[1] Phys. ZS. 12, 1101 (1911).
[2] Wied. Ann. 37, 21 (1889).
[3] Phys. ZS. 5, 741 (1904).

den beiden Annahmen die folgenden zwei Zahlenreihen für die Temperaturverteilung in dem der Brennfläche zuströmenden Gasgemisch:

T	ϑ	$k = k_0 \sqrt{T}$ x in mm	$h = k_0 T$ x in mm
780	507	0,0000	0,0000
700	427	0,0007	0,0107
600	327	0,0017	0,0252
500	227	0,0029	0,0420
400	127	0,0047	0,0638
300	27	0,0088	0,1078
280	7	0,0121	0,1405
273	0	∞	∞

Die Reichweite des eindringenden Wärmestroms ist also eine sehr geringe. Nicht nur der Übergang von der Entzündungs- zur Verbrennungstemperatur, auch der von Anfangs- auf Entzündungstemperatur erfolgt in der Regel innerhalb einer sehr dünnen Schichte. Man kann somit für manche Betrachtungen, wie z. B. die über die Änderung der Strömungsrichtung infolge der Verbrennung oder über die Druckentwicklung im geschlossenen Gefäß, auch diese Zone in die Brennfläche mit einbeziehen, die dann einfach als die Stelle gekennzeichnet erscheint, an der sich auf sehr kurzem Weg der Übergang von der Anfangs- auf die Verbrennungstemperatur vollzieht.

Auch hat die geringe Tiefe, bis zu der die Wärmeströmung eindringt, offenbar zur Folge, daß die Verbrennungsgeschwindigkeit von der Krümmung der Brennfläche im allgemeinen unabhängig erscheint. Nur an Spitzen und Kanten, wo extreme Krümmungsverhältnisse herrschen, wird die Konvergenz oder Divergenz der Wärmeströmung in Betracht kommen und eine Vermehrung bzw. Verminderung der Verbrennungsgeschwindigkeit bewirken.

Bei sehr schwach explosiven, an Wasserstoff reichen Gemischen, wie im Kegel einer mit großem Leuchtgasüberschuß brennenden Bunsenflamme, kann allerdings die Reichweite größer werden, wie der folgende von Gouy[1] beschriebene Versuch beweist:

Kupferchlorid, in gesättigter, wäßriger Lösung, wird mittels eines kleinen Zerstäubers in den die Flamme speisenden Gasluftstrom eingeführt und von ihm mitgerissen. Es zeigt sich dann innerhalb des Kegels der Bunsenflamme ein zweiter, grünlich leuch-

[1] Ann. chim. phys. (5) 18, 29 (1879).

tender, vom ersten äquidistanter Kegel. Diese Fläche ist offenbar der Ort aller Punkte, in denen die Temperatur einen ganz bestimmten Wert erreicht; vielleicht der Ort, an dem nach der Formel $2 CuCl_2 + H_2 = Cu_2Cl_2 + 2 HCl$ das abgespaltene Chlor unter Reaktionsleuchten zu Salzsäure verbrennt. Man beobachtet, daß die Entfernung der beiden Kegel mit steigendem Gasgehalt von Null bis auf etwa 1,5 mm wächst, was beweist, daß sich hier die Wärmeströmung auf eine Tiefe von mehr als 1,5 mm erstrecken kann. Gleichzeitig rundet sich immermehr die Spitze des Kegels.

Bemerkenswert ist noch, wie sehr die berechnete Reichweite der Wärmeströmung vom Gesetz beeinflußt wird, welches wir für die Abhängigkeit der Wärmeleitungskonstanten von der Temperatur zugrunde legen. Es wäre deshalb nicht aussichtslos, umgekehrt aus der vor der Brennfläche zu beobachtenden Temperaturverteilung diese Gesetzmäßigkeit für den hier vorhandenen weiten Bereich zu ermitteln, wobei die von Gouy gefundene Erscheinung verwendet werden könnte, falls es gelingt, die Temperatur mit hinreichender Schärfe zu bestimmen, bei der sie auftritt. Sie wird von der Konzentration der reagierenden Stoffe abhängig sein. Hingegen wird man von der Wärme, welche bei dieser Reaktion frei wird, in Anbetracht der äußerst geringen Mengen Kupferchlorid, welche benötigt werden, vielleicht absehen können.

§ 7. **Davys Drahtnetz.**

Auf Grund des Vorhergehenden ist es leicht begreiflich zu machen, daß ein gut die Wärme ableitendes Drahtnetz das Fortschreiten der Verbrennung zu verhindern imstande ist. Im übrigen entbehrt die folgende Darlegung der quantitativen Bedeutung und bezweckt nur die Klarlegung des Gedankengangs.

Das Gasgemisch ströme in der Richtung der negativen x mit der Geschwindigkeit $u < c$ der links vom Netz gedachten ebenen Brennfläche entgegen. Sie wird sich dann zunächst mit der Geschwindigkeit $c - u$ dem Drahtnetz nähern, kommt aber erfahrungsgemäß vor ihm zum Stillstand, obwohl auch hier die Geschwindigkeit der Strömung unter der bei Abwesenheit des Netzes beobachteten Fortpflanzungsgeschwindigkeit c der Verbrennung bleibt.

Während aber sonst die ganze aus der Brennfläche in das Knallgas einströmende Wärmemenge W zu dessen Erhitzung auf Entzündungstemperatur verwendet wird, geht jetzt hiervon ein gewisser Betrag w durch Leitung an das Netz verloren, sobald dieses in den Bereich der vor der Brennfläche wirksamen Wärmeströmung gelangt. Freilich wird durch diesen Wärmeverlust auch die Entzündungstemperatur erhöht und rückwirkend die aus der Brennfläche einströmende Wärmemenge verändert; doch wollen wir annehmen, daß der Wärmeentzug an den Verhältnissen in der Brennfläche selbst nicht viel ändert, was gelten kann, insolange die Brennfläche sich dem Netz nicht allzusehr nähert. Die jetzt zu beobachtende Verbrennungsgeschwindigkeit v ergibt sich dann einfach aus der Gleichung

$$v = \frac{W - w}{\varrho\, c_p\, (T^{(z)} - T')}$$

und die Verbrennung wird vor dem Netz in derjenigen Entfernung zum Stehen kommen, bei welcher eben w groß genug wird, um die Verbrennungsgeschwindigkeit bis auf die Strömungsgeschwindigkeit zu erniedrigen.

Unter gewissen Voraussetzungen läßt sich für diese Entfernung d, in welcher $v = u$ wird, ein einfacher Ausdruck entwickeln. Es sei das Netz ein vollkommener Leiter der Wärme, so daß es die ihm zugeführte Wärmemenge sofort abgibt, ohne sich selbst zu erhitzen. Die Wärmezufuhr erfolge nur durch Leitung; die durch Strahlung übermittelte Wärme sei ihr gegenüber zu vernachlässigen. Auch sei das Netz so fein, daß es das rechts von ihm befindliche Gasgemisch vollständig vor Erwärmung schützt. Das Netz und das ihm rechts anliegende Gas seien also stets auf der Anfangstemperatur T'. Endlich wollen wir der Einfachheit zuliebe hier k als von der Temperatur unabhängig betrachten.

Die zwischen der Brennfläche und dem Netz im stationären Zustand herrschende Temperaturverteilung ergibt sich dann aus der Differentialgleichung:

$$\frac{k}{c_p} \frac{\partial^2 T}{\partial x^2} + u\,\varrho \frac{\partial T}{\partial x} = 0$$

mit den Bedingungen:

$$T = T^{(z)} \text{ für } x = 0 \quad \text{und} \quad T = T' \text{ für } x = d.$$

Man findet

$$T = C_1\, e^{-\frac{u \varrho c_p}{k} x} + C_2,$$

wo

$$C_1 = \frac{T^{(z)} - T'}{1 - e^{-\frac{u \varrho c_p}{k} d}}$$

und

$$C_2 = \frac{T' - T^{(z)}\, e^{-\frac{u \varrho c_p}{k} d}}{1 - e^{-\frac{u \varrho c_p}{k} d}}$$

ist, und hieraus:

$$w = -k\left(\frac{\partial T}{\partial x}\right)_{x=d} = u\varrho c_p \frac{(T^{(z)} - T')e^{-\frac{u\varrho c_p}{k}d}}{1 - e^{-\frac{u\varrho c_p}{k}d}}.$$

Es wird also auch im stationären Zustand

$$v = u = c - \frac{w}{\varrho c_p (T^{(z)} - T')} = c - u \frac{e^{-\frac{u\varrho c_p}{k}d}}{1 - e^{-\frac{u\varrho c_p}{k}d}}$$

und somit

$$d = \frac{k}{u\varrho c_p} \ln \frac{1}{1 - \frac{u}{c}}.$$

In dieser Entfernung bleibt also unter den gemachten einfachen Voraussetzungen die Brennfläche vor dem Netz stehen. Ist $u = c$, so wird $d = \infty$, d. h. die Brennfläche nähert sich weder dem Netz, noch bleibt sie stehen, da der in jeder endlichen Entfernung vom Netz eintretende Wärmeverlust die Brennfläche nach links forttreibt.

Ist $u = 0$, also das Gas in Ruhe, so ergibt zwar die Formel $d = 0$, doch wird auch dann die Flamme nicht durchschlagen. Vorher wird nämlich der Wärmeverlust so groß, die Verbrennungsgeschwindigkeit so klein, daß die Flamme erlischt.

Durchschlagen kann die Flamme selbst bei vorhandener Gegenströmung dann, wenn

$$c = \frac{W}{\varrho c_p (T^{(z)} - T')}$$

sehr groß wird. Das tritt ein, wenn sich das Netz bis in die Nähe des Entzündungspunktes erhitzt hat.

§ 8. Die Flamme des Bunsenbrenners.

Ist in einem kreisrunden Rohr die Strömungsgeschwindigkeit größer als die Verbrennungsgeschwindigkeit, so tritt die Flamme aus dem Rohr aus und bildet die kegelähnliche Brennfläche des Bunsenbrenners, die für den ruhenden Beobachter stationär erscheint, dabei aber natürlich ebenso den Ort der fortschreitenden Verbrennung bezeichnet, wie die bisher betrachtete durch Gegenströmung im Rohr an Ort und Stelle erhaltene Brennebene. Sie schwebt ganz knapp über dem Rand des Rohres, ohne ihn zu berühren (in der Zeichnung übertrieben!) und weicht insoweit von der strengen Kegelform ab, als bekanntlich der Rand etwas verbogen und die Spitze abgerundet ist. Sieht man davon zunächst ab, so läßt sich die Kegelform leicht aus der Übereinanderlagerung der Strömungs- und Verbrennungsgeschwindigkeit erklären. Irgendein bestimmtes Flammenteilchen der Kegelfläche, z. B. das bei m, wird gleichzeitig von der Strömung mit der Geschwindigkeit u nach oben und von der Verbrennung mit der Geschwindigkeit c nach innen getrieben. Es bewegt sich infolgedessen in der Richtung der Diagonale des über u und c errichteten Parallelogramms und es ist daher $c = u \sin \alpha$, wenn wir den Öffnungswinkel des Kegels mit 2α bezeichnen.

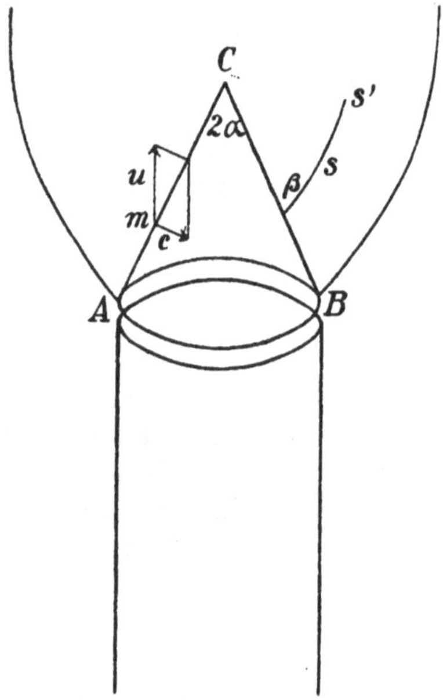

Fig. 4.

Je nach der Art des brennbaren Gases und dem Mischungsverhältnis sind Farbe und Helligkeit des Kegels bekanntlich verschieden.

Die gewöhnlich gebrauchte Flamme des kurzrohrigen Bunsenbrenners enthält in der Regel einen großen Überschuß an Leuchtgas; der Kegel ist oft kaum zu erkennen und sehr unruhig. Verlängert man den Brenner, indem man ein Rohr von gleichem Durchmesser und mindestens 50 cm Länge in einigen Millimetern Entfernung über der Mündung befestigt, so erhält man am oberen Ende des Rohrs den Kegel scharf und ruhig; scharf wegen der vermehrten Luftzufuhr und ruhig wegen der jetzt gleichförmigen Mischung und Bewegung. Will man jedoch das Mischungsverhältnis beliebig verändern können, so muß die Luft statt mittels Injektor ebenfalls aus einem Gasometer zugeführt werden. Bei Leuchtgasüberschuß erhält man dann den bekannten grünlich leuchtenden Kegel (Figg. 5 u. 6, Taf. I) mit voll sichtbarem Flammenmantel, bei Luftüberschuß einen blau leuchtenden Kegel mit teilweise (Fig. 7, Taf. I) oder gänzlich (Fig. 8, Taf. I) verschwundenem Flammenmantel, der aber wieder sichtbar wird, wenn man die abströmenden Flammengase durch Einführen von Salzstaub färbt.

In Luft sitzt die Grünflamme fest am Rohr, während die Blauflamme mit wachsendem Luftüberschuß immer mehr das Streben zeigt, sich vom Rohre abzuheben, was schließlich eintritt, noch ehe das Gasgemisch aufgehört hat brennbar zu sein. In einer Leuchtgasatmosphäre erhält sich hingegen umgekehrt die mit Luftüberschuß brennende Flamme sehr fest am Rohr, während die Grünflammen sich abheben.

Es kann nicht wundernehmen, wenn die Flamme sich vom Rohr abhebt; im Gegenteil, es muß überraschen, daß sie das nicht immer tut. Verbrennung und Strömung treiben doch ein jedes bestimmtes Flammenteilchen längs des Kegelmantels von *A* über *m* nach *C*, wo es verschwindet. Es muß dann die Brennfläche vom Kegelrand aus ständig erneuert, sie muß dort durch irgendeinen Vorgang festgehalten werden; denn würden die in *C* verschwindenden Flammenteilchen von unten nicht ersetzt, so müßte der Kegel sofort aus der Form 1 in die Form 2 und 3 (Fig. 9) übergehen und in *C* erlöschen; die Verbrennung allein treibt ja das Brennflächenelement nur mit der Geschwindigkeit $c \sin \alpha = u \sin^2 \alpha$ gegen die Strömung. Der Kegelrand muß also als Zündstelle wirken, von der aus der Kegelmantel sich ständig erneuert.

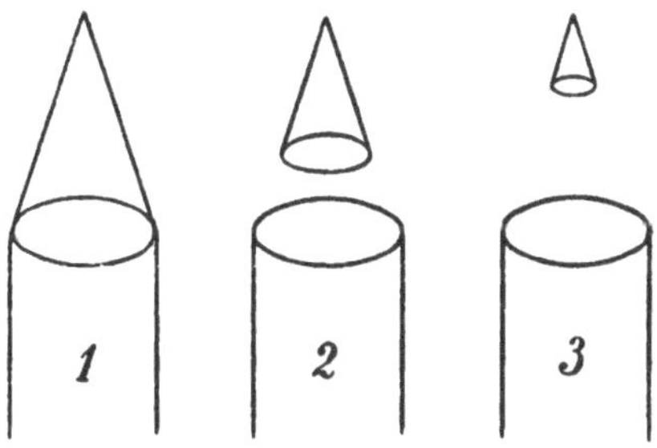

Fig. 9.

Das Verständnis dieser Erscheinung ermöglichen die folgenden Beobachtungen und Versuche:

Zunächst beweist die Schattenschlierenmethode von Dvořák, daß das Gasgemisch, wenn es nicht entzündet wird, auf einer beträchtlichen Strecke als zylindrischer Strahl von gleichem Querschnitt wie das Rohr durch die außen befindliche Luft gerade in die Höhe strömt. Es wird hierbei vom Lichtkegel einer Projektionslampe ohne Zwischenschaltung irgendwelcher weiterer Linsenanordnungen ein Schattenbild des Brenners auf einem ziemlich nahe dahinter befindlichen Schirm entworfen. Bei Anfertigung des in Fig. 10, Taf. I wiedergegebenen Lichtbildes wurde reines Leuchtgas verwendet. Die mittlere Strömungsgeschwindigkeit betrug rund 3 m/sec. Der Strahl ist nach außen von einer immer dicker werdenden Schichte umhüllt, in der sich das Gas und die umgebende Luft mechanisch und durch Diffusion miteinander mischen. In einer je nach der Strömungsgeschwindigkeit kleineren oder größeren Entfernung von der Mündung des Rohres löst sich der Strahl vollständig in Wirbel auf, was am Bild jedoch nicht zu sehen ist.

Diese Fortsetzung der Strömung oberhalb des Rohres hat zur Folge, daß man einen ganz ähnlichen Kegel, wie er am Rohr brennt, auch einige Zentimeter darüber erhalten kann, etwa auf einem Ring aus Platindraht aufsitzend, wie dies die Fig. 11, Taf. I darstellt. Doch gelingt der Versuch in Luft bemerkenswerterweise nur mit Blauflammen, während Grünflammen sofort vom Ring auf die Mündung des Brenners herabspringen.

Hält man 5 bis 10 cm über der Mündung eine kleine Zündflamme (z) oder läßt dort elektrische Funken springen, so bildet sich unter der Zündstelle der Brennkegel und kann bisweilen, allerdings im Zustand großer Unruhe, auch ohne Ring einige Zeit erhalten bleiben. Eine jede Störung oder eine geringe Vermehrung des Leuchtgasgehaltes bewirkt aber dann, daß der Kegel, ohne seine Form wesentlich zu ändern, in der Richtung der Pfeile nach abwärts läuft, bis er auf dem Rohr zur Ruhe kommt. Bei gasreicherer Mischung tritt dies sofort und mit großer Geschwindigkeit ein, wie die photographische Aufnahme auf bewegtem Film beweist.

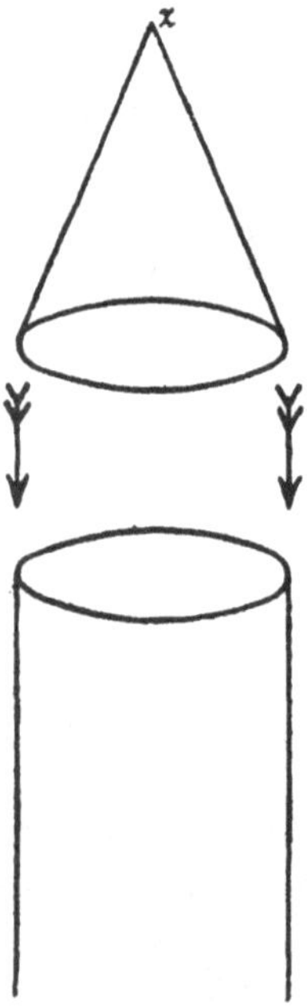

Fig. 12.

Man erkennt in diesem Vorgang wohl ohne weiteres eine Wirkung der Mischungs- oder Wirbelschichte, welche den Strahl umgibt und innerhalb deren er wie in einem Rohr weiterströmt. In dieser langsamer bewegten Schichte vollzieht sich fast sprungweise der Übergang vom Gasstrahl, der auch in den äußersten Schichten noch verhältnismäßig hohe Geschwindigkeit aufweist zur umgebenden, fast ruhenden Luft. Diese Schichte ist es, in welcher die Entzündung vom Kegelrand aus in der Richtung der Pfeile nach abwärts fortschreitet und den Kegelmantel mit sich zieht. Es wird noch später bei Besprechung der Flamme fester Brennstoffe Gelegenheit sein, darauf zurückzukommen und auf die Ähnlichkeit dieser Erscheinung mit der Entzündung hinzuweisen, wie sie sich in Luft über die Oberfläche fester Brennstoffe ausbreitet. Um unnötige Wiederholung zu vermeiden, sei schon hier auf das dort in § 15 Gesagte verwiesen.

Ist der Kegel auf das Brennerrohr herabgeglitten, wobei er, wie schon erwähnt, knapp über dem Rohr schweben bleibt, so ist natürlich auch hier diese Mischungsschichte wirksam. Sie umgibt den austretenden Gasstrom und den Rand des Brennkegels mit einem Ring von brennendem Gas, das hier vor der direkten Strömung geschützt, als Zündflamme für die höher gelegenen Teile des Brennkegels wirkt und ihn am Rohr erhält. Ist durch Mischung mit der umgebenden Atmosphäre das ausströmende Gasgemisch in der Wirbelschichte soweit verdünnt, daß es aufhört brennbar zu sein, so hebt sich der Kegel vom Rohr. Das wird bei Blauflammen in Luft und bei Grünflammen in Leuchtgas auftreten, noch ehe das ausströmende Gemisch selbst die Grenze der Brennbarkeit erreicht hat. In einem neutralen Gas, wie Stickstoff oder Kohlensäure heben sich im allgemeinen sowohl die Grün- als auch die Blauflammen vom Rohr und kann der Kegel nur bei Mischungen von höchster Explosibilität auf dem Rohr erhalten werden, wo die Wirbelschichte trotz der Zumischung des neutralen Gases noch brennbar bleibt.

Sehr schön wird die Bedeutung der Ausbildung von Zündflammen für die Erhaltung und die Form der Brennfläche auch durch die folgenden Versuche beleuchtet. Bei ihnen wurde ein Draht aus beliebigem, schwer schmelzbarem Metall in den Gasstrom eingeführt. Hinter dem Draht bildet sich dann, der direkten Strömung entzogen, eine Wirbelstelle von brennendem Gas, von der aus die Brennfläche emporsteigt. Doch können diese Flammenformen bei mehr explosiver Mischung auch am Draht selbst entstehen, wenn die ihm anliegenden Gasschichten durch Reibung entsprechend verlangsamt sind, oder der Draht einmal ins Glühen gekommen ist.

Die in Figg. 13 bis 16, Taf. I u. II photographisch festgehaltenen Flammenformen wurden in Luft mit Blauflammen erhalten, können aber in ganz ähnlicher Weise in Leuchtgas mit Grünflammen und in einer neutralen Atmosphäre mit Blau- und Grünflammen erhalten werden. Nötig ist nur, daß die Brennfähigkeit der den Gasstrahl umgebenden Mischungsschichte unter einer gewissen Grenze bleibt, so daß in ihr die Entzündung nicht auf den Brennerrand herabläuft, was die Ausbildung des normalen Kegels zur Folge hätte.

In Fig. 13 ist von unten, in Fig. 14 von oben ein Draht in der Achse des Rohres angebracht; es bildet sich dann der Kegel in verkehrter Lage. Im ersten Fall kann der Draht kalt bleiben und die Kegelspitze über ihm schweben, ohne ihn zu berühren. Im zweiten Fall bildet sich der verkehrte Kegel zunächst am Draht selbst, wie dies das Bild zeigt, wandert dann aber langsam nach unten, bis er das Drahtende erreicht hat und zwar in dem Maß, in dem der Draht unter dem Kegel durch Wärmeleitung bis auf Entzündungstemperatur erhitzt wird. Auch im ersten Fall kann die

Kegelspitze den Draht berühren und dann längs des glühenden Drahtes abwärts wandern, wenn die Mischung genügend explosiv ist.

Spannt man den Draht quer über die Mündung, so erhält man die in Figg. 15 und 16 dargestellten Flammen. Auf dem Draht oder knapp über dem Draht schwebt die Brennfläche in der Form zweier Flügel. Der Winkel, den die beiden Flügel miteinander einschließen, kann bei hohem Luftgehalt ungemein spitz sein, noch weit spitzer, als das in Fig. 15 wiedergegeben ist, wobei dann die Kante, in der sie zusammenstoßen, bis zu 2 mm über dem Draht schwebt, ohne sich abzuheben. Das könnte diese Flammenform für Messungen der Verbrennungsgeschwindigkeit in luftreichsten Gasgemischen fast bis zur Grenze der Brennbarkeit geeignet machen[1], wo ein aufrechter Brennkegel am Rohr wegen der Gasarmut der Mischungsschichte nicht mehr erhalten werden könnte. Gibt man mehr Gas, so erhält man zunächst die Brennfläche in Fig. 16, die dadurch gekennzeichnet erscheint, daß die Ränder der beiden Flügel sich leicht nach abwärts biegen und über das Rohr hinausgreifen. Die abströmenden Flammengase werden sichtbar und die Brennfläche berührt den Draht, der ins Glühen kommt. Bei weiterer Gaszufuhr knicken sich die Flügelenden nach abwärts, werden sehr unruhig und laufen schließlich in der Mischungsschichte auf den Brennerrand herunter, was zur Bildung des gewohnten aufrechten Kegels führt, der nur noch durch den Draht, der auch weiterhin als Zündstelle wirkt, in zwei Teile zerschnitten ist (Fig. 17, Taf. II).

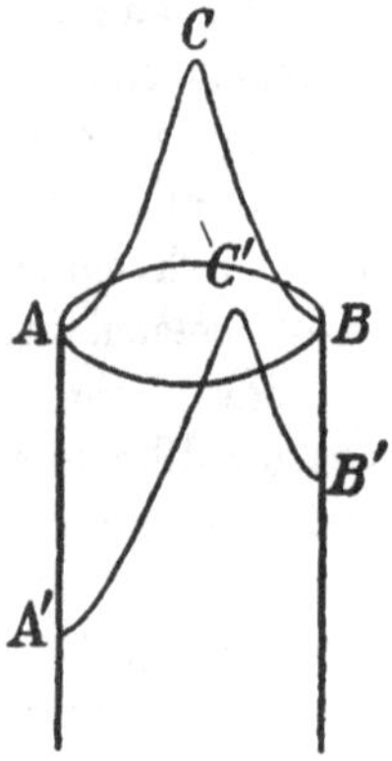

Fig. 18.

So wie in diesen Versuchen der Draht, vermag auch die Innenwand des Brennerrohrs, wenn sie genügend erhitzt ist, die Brennfläche zu fixieren, was der folgende, leicht auszuführende Versuch zeigt:

Man brennt den Kegel in gewöhnlicher Weise auf dem Rohr, stellt aber ungefähr äquivalente Mischung ein und wählt die Strömungsgeschwindigkeit so, daß sie zwar in der Mitte des Rohrs die Verbrennungsgeschwindigkeit noch beträchtlich übertrifft, in den äußersten durch Reibung verzögerten Schichten jedoch fast erreicht. Der Kegel hat unter diesen Verhältnissen die in Fig. 18 dargestellte

[1] Bedenklich erscheint hierbei nur die Konvergenz der abströmenden Flammengase, welche die beiden Flügel auseinanderdrücken kann. Vgl. § 10.

Form mit fast ebenem Rand. Dann zeigt der Kegel nach einiger Zeit, während welcher sich das obere Ende des Brennerrohrs erhitzt, die Neigung, aus der Lage und Form ACB in die Lage und in die unsymmetrische Form $A' C' B'$ überzugehen, also im Rohr zu brennen, was sich durch bald schnelles, bald langsames Vibrieren oder Hin- und Herspringen zwischen diesen beiden Gleichgewichtslagen äußert.

Hat durch diesen Vorgang die Flamme oft und lange genug innen gebrannt, dann wird die Lage ACB dauernd verlassen, die Flamme bleibt im Rohr und wandert sehr langsam in dem Maße nach abwärts, wie das Rohr durch Leitung und Strahlung sich nach unten hin erhitzt, wobei der ungefähre Stand der Flamme am Glühen des Metalls erkannt werden kann. Die Flamme läßt sich durch Außenkühlung an beliebiger Stelle im Rohr zum Stillstand bringen, anderseits kann man ihr Eindringen durch Erhitzen des Rohrendes mit einer Stichflamme beschleunigen, ja auf diesem Wege auch noch Flammen in das Rohr zwingen, die wegen der zu großen Strömungsgeschwindigkeit von selbst nicht eindringen würden.

Zur Erklärung der Erscheinung ist zunächst zu beachten, daß hier der Rand des Kegels schon anfangs nahezu eben ist. Hat die Flamme längere Zeit gebrannt und ist das Rohrende hierdurch erhitzt, so kann er infolge der Vorwärmung, welche die äußeren Schichten des Gemisches vom heißen Rohr aus erfahren, ganz eben werden, wodurch jetzt die Vorbedingung gegeben ist, unter welcher sich die Brennfläche ohne Zuhilfenahme der von der Mischungsschichte ausgehenden äußeren Entzündung, also auch im Rohre, zu erhalten vermag. Die knapp an der Rohrwandung bei A' und B' und ebenso ringsherum vorhandenen, zur Strömung senkrechten Flächenelemente sind die Stellen der Brennfläche, die sich selbständig erhalten und die übrigen, gegen die Strömung geneigten höher gelegenen Teile beständig ersetzen. Es ist auch klar, daß, wenn die Flamme einmal im Rohre brennt, die ebenen Flächenelemente und damit die Brennfläche sich trotz des sozusagen indifferenten Gleichgewichtes an bestimmter Stelle halten werden. Über der Flamme nämlich, wo die Flammengase längs der Wandung in die Höhe streichen, ist das Rohr am heißesten. Würde sich die Brennfläche heben, so käme sie an diese Stellen, an denen durch Vorwärmung die Verbrennungsgeschwindigkeit am ebenen Rand über die Geschwindigkeit der Strömung gesteigert ist; ginge sie hingegen nach unten, so käme sie an kühlere Stellen des Rohres und würde wieder in die Höhe gehoben. So wird sie stets an der tiefsten

Stelle bleiben, an welcher bei der gegebenen Strömungsgeschwindigkeit die Erhitzung gerade zur Ausbildung eines ebenen Randes hinreicht. Da diese Stelle sich durch Wärmeleitung langsam nach unten verschiebt, wandert auch die Brennfläche langsam nach unten, ebenso wie in den durch Figg. 13 und 14, Taf. I u. II dargestellten Fällen die verkehrten Kegel längs des glühenden Drahtes wandern.

Während sich bei dem eben geschilderten Vorgang die Brennfläche dauernd und ruhig im Rohr erhält, ist die als „Zurückschlagen" der Flamme bekannte, im kalten Rohr auftretende Erscheinung dadurch gekennzeichnet, daß die geringste Änderung der Strömungsgeschwindigkeit die Brennfläche in der einen oder anderen Richtung in Bewegung bringt. In einem nicht zu weiten Rohr kann, wie in dem eingangs erwähnten Versuch von Teclu, die Brennfläche hierbei die Form einer Ebene, oder richtiger etwa die eines Wassermeniscus annehmen, der langsam durch das Rohr läuft. Es tritt dies ein, wenn die Strömungsgeschwindigkeit in der Mitte des Rohres bis etwas unter die Verbrennungsgeschwindigkeit erniedrigt wird. Der zurückgebogene Rand erklärt sich ohne weiteres aus der Verringerung der Verbrennungsgeschwindigkeit, die durch die kühlende Wirkung des Brennerrohres hervorgerufen wird; sie ist innerhalb des kalten Rohres offenbar größer als die nach außen durch die Reibung hervorgerufene Verminderung der Strömungsgeschwindigkeit, die für sich allein ein Voreilen des Randes zur Folge hätte. An der ebenen Mitte entzündet sich hierbei dieser zurückgebogene Teil, der sonst ebensowenig bestehen könnte, wie der Kegelmantel in der gewöhnlichen Bunsenflamme.

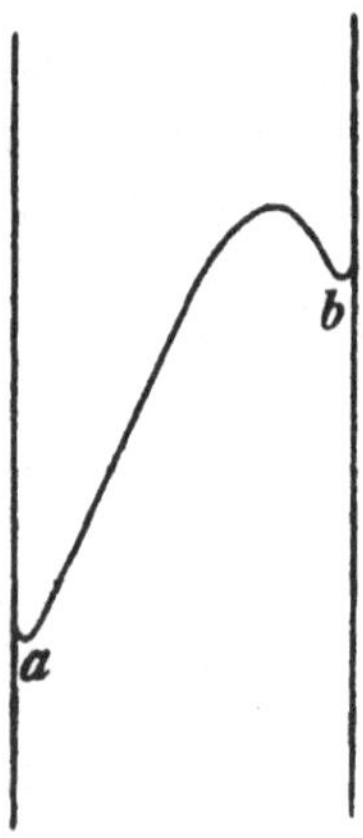

Fig. 19.

Aber auch andere Formen können beim Zurückschlagen ins Rohr entstehen, da es ja in weiteren Röhren nicht gerade die Mitte, sondern ein weiter außen gelegener Kreis sein wird, auf dem sich bei Herabsetzen der Strömungsgeschwindigkeit das Gleichgewicht zuerst einstellt. Man erhält dann Flächen, die alle Übergänge zwischen einer schräg stehenden Ebene und einem im Rohr exzentrisch stehenden Kegel aufweisen, bei denen aber stets der äußerste der Rohrwandung nächstgelegene Teil der Brennfläche zurückgebogen ist. Sie werden am bequemsten in einem weiten, langen Glasrohr beobachtet, über das man dauernd eine Zündflamme hält. Es bildet sich dann eine Sattelfläche, deren Hauptschnitt Formen wie die vorstehende Fig. 19 aufweist und an der je nach den Strömungs- und Mischungsverhältnissen die Reste des exzentrisch stehenden Kegels mehr oder weniger ausgeprägt sind. Läßt man sie durch das Rohr langsam nach unten laufen und erlöschen, so entzündet sie sich, sobald die Strömung die Verbrennungsprodukte entfernt hat, oben von neuem, so daß die Flamme in regelmäßigen Zeitabständen immer wieder durch das Rohr wandert. Die ringsherum tiefstgelegenen Punkte, wie *a* und *b*, in denen die Flächentangente zur Strömung senkrecht steht, sind die Stellen, welche für die Bewegung der Brennfläche maßgebend sind, und von denen aus die höher gelegenen Flächenteile ständig ergänzt werden.

Es wäre an sich naheliegend daran zu denken, daß ähnlich wie die zurückschlagende Flamme im Rohr sich auch der gewöhnliche Kegel über dem Rohr in dieser Art von indifferentem Gleichgewicht befindet, d. h. daß rings am Rand eine zur Strömungsrichtung senkrechte Stelle vorhanden ist, an der infolge der kühlenden Wirkung des Brennerrandes die Verbrennungsgeschwindigkeit bis auf die Strömungsgeschwindigkeit erniedrigt wird. Das wurde jüngst von Ubbelohde und Kölliker[1] behauptet. Nach dieser Auffassung wäre die Annahme einer von der Mischungsschicht ausgehenden Zündung entbehrlich.

Sieht man aber von gewissen Kegelformen ab, die sich dann ergeben, wenn die Strömungsgeschwindigkeit niedrig oder die Flamme nahe daran ist, ins Rohr zurückzuschlagen, so zeigt sich wohl wegen der geringeren Strömungsgeschwindigkeit eine Verbiegung des Kegelrandes, jedoch durchaus nicht in dem Maße, daß irgendwo ein Teil der Brennfläche auch nur annähernd senkrecht zur Strömung stünde, was der Fall sein müßte, wenn er sich in ihr selbständig erhalten sollte. Vielmehr wird in § 11 gezeigt werden, daß der Winkel, den der Rand mit der Rohrachse einschließt, von 90° sehr weit verschieden sein kann und mit der äußeren Reibung des Gasgemisches am Rohr in engem Zusammenhang steht. Auch könnte ersichtlich dieses Gleichgewicht, d. h. eine zur Strömung senkrechte Tangente ringsherum nur an einer einzigen Stelle der Brennfläche bestehen und diese Stelle würde gewiß nicht gerade der äußerste Rand sein; denn es ist doch ganz undenkbar, daß zwei so verwickelte Erscheinungen wie der kühlende Einfluß des Rohrrandes und die Abnahme der Strömungsgeschwindigkeit in den äußeren Schichten sich unter allen

---

[1] Journ. f. Gasbeleuchtung und Wasserversorgung 59, Januar 1916.

Verhältnissen der Strömung und Gasmischung gerade so im Gleichgewicht halten sollten, daß ein ebener Rand entstünde. Es müßte also, wie bei der ins kalte Rohr zurückschlagenden Flamme, der äußerste Rand, an dem die Kühlung überwiegt, wieder nach aufwärts gebogen sein.

Um das Abheben der Flamme vom Rohr in einer sauerstofffreien Atmosphäre zu erklären, eine Erscheinung, die nach dieser Auffassung zunächst unverständlich wäre, nehmen die genannten Autoren an, daß das ausströmende Gemisch aus der Umgebung Gas unter den Brennkegel ansaugt. So würde an der Gleichgewichtsstelle durch Änderung in der Zusammensetzung des Gemisches die Verbrennungsgeschwindigkeit erniedrigt und das Gleichgewicht zerstört.

Es ist aber kaum denkbar, daß außer in die den Gasstrahl und in gleicher Weise die abströmenden Flammengase umgebende Wirbel- oder Mischungsschicht von außen her Gas bis in die laminar strömenden Schichten eindringt. Ist doch gerade unter dem Kegel, wie in § 10 gezeigt wird, der Druck infolge der Verbrennung nicht unbeträchtlich größer als der in der Umgebung, und ist daher eher umgekehrt zu erwarten, daß der austretende Gasstrom, wenn er entzündet wird, ringsherum etwas nach außen abbiegt, wie dies in der Tat, wenigstens bei gewissen Flammenformen, wo die abströmenden Flammengase konvergieren und die Brennfläche über den Rand des Rohres hinausgreift (Fig. 14 u. 16 auf Tafel II) zweifellos der Fall ist.

Doch bezieht sich diese Bemerkung nur auf die tiefgelegenen und infolge hoher Strömungsgeschwindigkeit steifen Teile der Flamme und es soll damit natürlich nicht gesagt werden, daß eine Zumischung des umgebenden Gases zu den inneren Teilen der Flamme überhaupt nie stattfinden kann. In den höchstgelegenen Teilen des Flammenmantels löst sich die Strömung stets in die großen Wirbel auf, in denen bei Gasüberschuß erst der größte Teil des noch brennbaren Flammengases mit der umgebenden Luft vollständig verbrennt. Aber auch in die tiefgelegenen Teile der Flamme kann die umgebende Atmosphäre eindringen, wenn bei schwach explosiven Mischungen die Flamme nicht genügend steif ist, wie dies der von Ubbelohde und Dommer[1] bemerkte Einfluß des Sauerstoffgehaltes der umgebenden Atmosphäre auf die Verbrennungsgeschwindigkeit luftarmer Gemische von Kohlenoxyd oder Methan beweist.

Eine andere Deutung für die Erhaltung des Brennkegels hat früher der Verfasser selbst zu geben versucht:

---

[1] Journ. f. Gasbeleuchtung und Wasserversorgung 57, 736 (1914).

In der Brennfläche grenzt Flammengas von hoher Temperatur und geringer Dichte an das brennbare Gasgemisch, welches eine weit niedrigere Temperatur und eine weit höhere Dichte aufweist. Die aus dem Flammengas in das Knallgas einfliegenden Molekeln, welche durch Abgabe ihrer Energie die Verbrennung weiterleiten, haben hierbei den Übergang aus einem heißen dünnen in ein bedeutend kühleres und dichteres Mittel zu vollziehen.

Es hat Maxwell[1] den Fall behandelt, daß molekular bewegtes Gas kleiner Dichte an molekular ruhendes oder nur wenig bewegtes Gas großer Dichte unmittelbar angrenzt und es wird dort ausgeführt, daß die aus dem dünnen Gas einfliegenden Molekeln häufiger den Pol als den Äquator der Molekeln des dichten Gases treffen. Das hätte eine Art Brechung in der durchschnittlichen Bewegungsrichtung der Molekeln zur Folge, vermöge welcher nach dem ersten Zusammenstoß die zur Trennungsfläche parallelen Bewegungskomponenten die zu ihr senkrechten überwiegen. In den mittleren Teilen der Brennfläche entstünde hierdurch nur eine Art Oberflächenspannung — anders am Rand; hier würde infolge dieses Vorgangs in der Richtung der am dichten Gase sozusagen abgleitenden Molekeln, also in der Richtung der Brennfläche, die Energieströmung und damit die Verbrennungsgeschwindigkeit weit größer sein können als senkrecht hierzu. Wenn also der Brennkegel nicht erlischt, so hätte das darin seinen Grund, daß Formen wie 2 und 3 in Fig 9 sich sofort wegen dieser am Rand in der Richtung der Brennfläche bestehenden weit übernormalen Verbrennungsgeschwindigkeit wieder zum Kegel ergänzen.

Dieser Auffassung wurde aber durch die Versuche von Knudsen[2] und die von Wood[3] die Grundlage entzogen. Sie weisen nach, daß Molekeln von Quecksilberdampf an einer Glaswand nach allen Richtungen gleichmäßig abprallen, daß also selbst nach Zusammenstoß mit einem festen Körper eine Polarität in der Bewegungsrichtnng der Molekeln nicht zu bemerken ist. Hierzu kommt, daß man auch nach dieser Auffassung den maßgebenden Einfluß des umgebenden Gases auf das Festhalten des Kegels am Rohr nicht verstehen könnte.

§ 9. Der Gouysche Satz.

Wäre auf der ganzen Brennfläche der Bunsenflamme die Geschwindigkeit der Verbrennung konstant und würde auch die der

[1] Im Nachtrag zur Abhandlung „On stresses in rarified gases arising from inequalities of temperature".

[2] Ann. d. Phys. **28**, 105 (1909); **35**, 389 (1911); **48**, 1113 (1915).

[3] Phil. Mag. **30**, 300 (1915).

Strömung überall konstant sein, so würde ein vollkommener Kegel entstehen und es bestünde nach den Darlegungen auf S. 26 zwischen beiden Geschwindigkeiten die einfache Beziehung $c = u \sin \alpha$. Wir werden später sehen, daß bei der Verbrennung gewisser fester Brennstoffe tatsächlich ein ähnlicher Zusammenhang mit aller Genauigkeit besteht. Wollte man aber bei den gasförmigen Brennstoffen diese Beziehung zur Bestimmung der Verbrennungsgeschwindigkeit verwenden, indem man für u den aus der ganzen Ausflußmenge berechneten Mittelwert und für α den aus Kegelhöhe und Rohrhalbmesser ermittelten Winkel einführte, so gäbe das nur eine Näherung, die allerdings mitunter genügen kann.

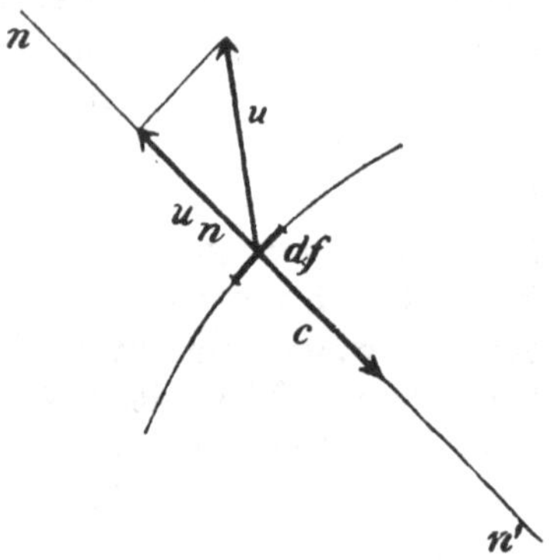

Fig. 20.

Wir wollen dem Vorgang Gouys folgend annehmen, daß von den beiden Bedingungen nur die erste, nämlich die Konstanz der Verbrennungsgeschwindigkeit, auf der ganzen Brennfläche hinreichend erfüllt ist, während die Strömungsgeschwindigkeit in ihr sowohl nach Größe wie Richtung von Punkt zu Punkt sich irgendwie ändern mag. Unter dieser Voraussetzung muß dann an jeder Stelle der irgendwie geformten Brennfläche, falls sie sich stationär erhalten soll, die zum betreffenden Flächenelement df senkrechte Komponente u_n der Strömungsgeschwindigkeit überall konstant sein und zwar gleich und entgegengesetzt der Verbrennungsgeschwindigkeit c; denn bestünde Ungleichheit, so müßte sich das Element der Brennfläche im oder entgegen dem Sinn der Strömung verschieben, die Flammenform wäre noch nicht im Gleichgewicht. Da durch das Flächenelement sekundlich das Gasvolumen $dV = u_n\, df = c\, df$ strömt und somit durch die ganze Flamme das Gasvolumen $V = \int c\, df = c\, F$, wo F den Inhalt der ganzen Brennfläche bezeichnet, so gilt

$$c = \frac{V}{F} \, .$$

Der Verbrauch irgendeiner Flamme eines homogenen Knallgases ist also hiernach einfach der Größe ihrer Brennfläche proportional, und die Verbrennungsgeschwindigkeit ergibt sich als Quotient aus Verbrauch und Brennfläche. Wird V bei Anfangstemperatur gemessen, so erhält man die bisher mit c' bezeichnete Größe.

Auf Grund dieses Satzes hat zuerst Michelson[1] am Kegel der gewöhnlichen Bunsenflamme die Verbrennungsgeschwindigkeit einiger brennbarer Gasgemische verschiedener Zusammensetzung bestimmt, indem er das Volumen V aus dem Sinken der Gasometer, den Flächeninhalt F unter Zuhilfenahme der Photographie ermittelte. Diese Versuche wurden seitdem ohne wesentliche Änderung des Verfahrens

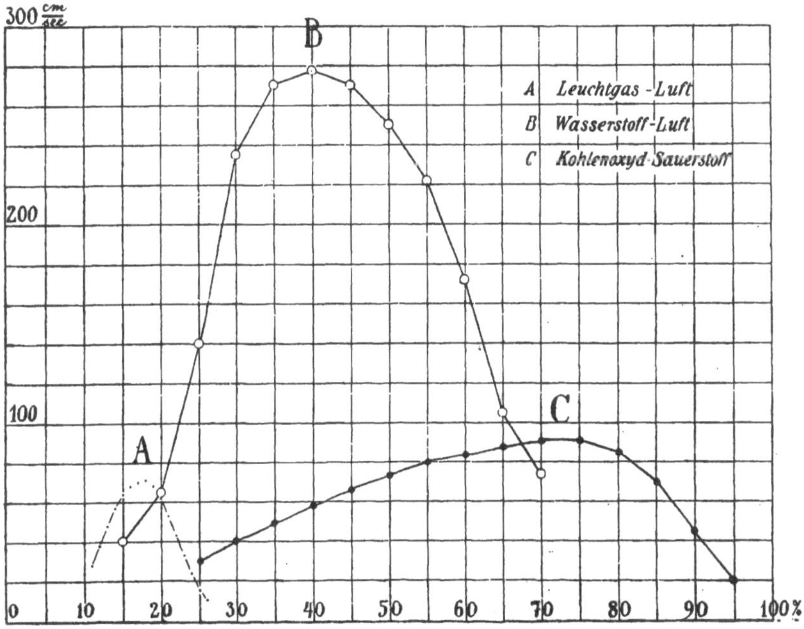

Fig. 21.

wiederholt und auf Gemische anderer brennbarer Gase und Dämpfe mit Luft und Sauerstoff erweitert.[2] Da hier eine Anführung von Messungsergebnissen im allgemeinen nicht beabsichtigt ist, so genüge die Wiedergabe der Darstellung und der zugehörigen Zahlenreihen aus Michelsons Arbeit. Die Versuche beziehen sich auf Zimmertemperatur und es kann angenommen werden, daß die Gase bei dieser Temperatur mit Wasserdampf gesättigt waren, was besonders für Kohlenoxyd, wo der Wasserdampf bekanntlich stark katalytisch wirkt, von Belang ist.[3] Das Mischungsverhältnis ist durch den Prozentgehalt an brennbarem Gas im Volumen des Gemisches ausgedrückt.

[1] Wied. Ann. 37, 1 (1889).

[2] Vor allem bei Bunte im chem. Institut der techn. Hochschule in Karlsruhe.

[3] Über den Einfluß von Wasserdampfzusatz auf die Verbrennungsgeschwindigkeit von Kohlenoxyd-Luftgemischen vgl. Ubbelohde und Dommer, Journ. f. Gasbeleuchtung und Wasserversorgung 57, 757 (1914).

Leuchtgas–Luft				Wasserstoff–Luft				Kohlenoxyd–Sauerstoff			
%	$c' \frac{cm}{sec}$	%	$c' \frac{cm}{sec}$	%	$c' \frac{cm}{sec}$	%	$c' \frac{cm}{sec}$	%	$c' \frac{cm}{sec}$	%	$c' \frac{cm}{sec}$
11	28	19	68	15	40	55	222	25	30	65	88
12	38	20	62	20	65	60	172	30	40	70	91
13	48	21	53	25	140	65	105	35	49	75	91
14	57	22	43	30	235	70	74	40	58	80	85
15	64	23	33	35	270			45	66	85	70
16	68	24	24	40	277			50	73	90	45
17	70	25	16	45	270			55	80	95	20
18	71	26	11	50	250			60	84		

Übereinstimmend zeigt bei allen Gemischen den Höchstwert der Verbrennungsgeschwindigkeit nicht die in äquivalentem Verhältnis hergestellte, sondern eine gasreichere Mischung (18% statt 17,2% bei Leuchtgas–Luft, 40% statt 29,5% bei Wasserstoff–Luft und 78% statt 66,6% bei Kohlenoxyd–Sauerstoff).

Dieses Maximum der Verbrennungsgeschwindigkeit entspricht dem Maximum der Brennfläche, also der kleinsten Kegelhöhe, wenn bei unveränderter Strömungsgeschwindigkeit die Zusammensetzung des Gemisches stetig geändert wird. Bequemer wird man das Mischungsverhältnis verschieben, indem man nur den einen der beiden Gasströme stetig verändert. Dann ist aber der Kegel nicht mehr am niedrigsten, wenn die Verbrennungsgeschwindigkeit den höchsten Wert hat und die Mischung das zugehörige Verhältnis aufweist, sondern schon bei einem kleineren oder erst bei einem größeren Prozentgehalt an brennbarem Gas, je nachdem man z. B. nur den Leuchtgasstrom oder nur den Luftstrom ändert.

Im ersten Fall ist $(100 - n) V$, im zweiten $n V$ eine konstante Größe. Man findet, da $F = \frac{V}{c}$ ist, das Minimum der Kegelhöhe aus der Bedingung $c \frac{\partial V}{\partial n} - V \frac{\partial c}{\partial n} = 0$. Das gibt für konstanten Gasstrom $\frac{c}{\partial n} = \frac{c}{100-n}$ und für konstanten Luftstrom $\frac{\partial c}{\partial n} = -\frac{c}{n}$. Daraus erhellt die Richtigkeit der folgenden einfachen Konstruktion (Fig. 22) zur Auffindung des Mischungsverhältnisses, welchem in diesen beiden Fällen der kleinste Kegel entspricht. Es sind an der Kurve, welche den Zusammenhang zwischen Verbrennungsgeschwindigkeit und Mischungsverhältnis darstellt, diejenigen Punkte M und N zu suchen, für welche die Tangente und die zum 100% bzw. 0% Punkt gezogene Gerade mit der Abszissenachse ein gleichschenkliges Dreieck bilden.

Der Gouysche Satz verlangt nach seiner Ableitung, daß die Verbrennungsgeschwindigkeit auf der ganzen Fläche die gleiche ist. Das ist in der stets abgerundeten Spitze des Kegels nicht der Fall. Dort sind die verschiedenen Elemente der Brennfläche gegen die Strömung sehr verschieden geneigt und die Verbrennungsgeschwindigkeit hat in den verschiedenen Punkten dieses Teiles der Fläche sehr

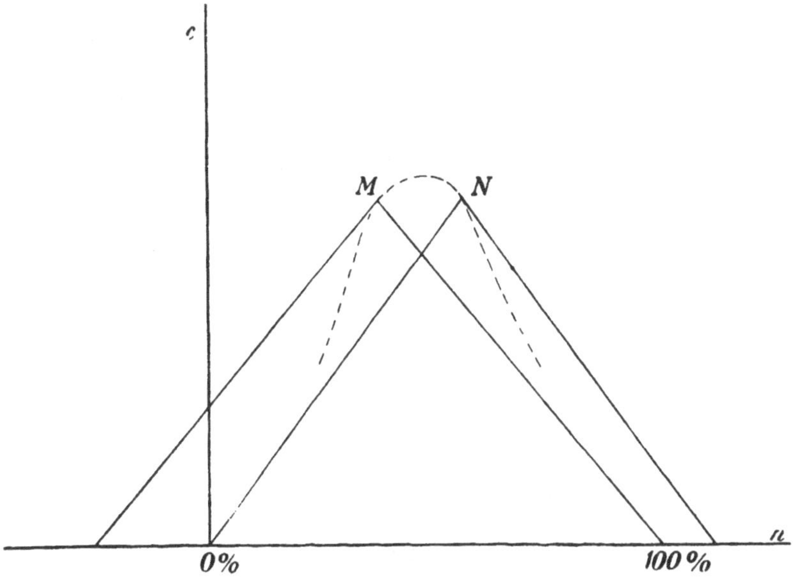

Fig. 22.

verschiedene Werte. In der Tat steht ja das am obersten Punkt des Kegels befindliche Flächenelement auf der Strömungsrichtung sogar senkrecht. Dort ist also die Verbrennungsgeschwindigkeit bis zur Geschwindigkeit der Strömung erhöht.

Doch ist diese Erscheinung von einer anderen, ähnlichen wohl zu unterscheiden:

Im Gasstrahl wird mit Fortfallen der äußeren Reibung an der Rohrwand die innere Reibung dahin wirken, daß die Geschwindigkeitsunterschiede über den ganzen Querschnitt mit wachsender Entfernung vom Rohrende kleiner werden, indem die inneren Schichten die äußeren beschleunigen und hierdurch selbst auf dem Weg zur Kegelspitze etwas Geschwindigkeit verlieren. Außerdem wird die lebendige Kraft des Gasstrahls sinken. Bei größerer Strömungsgeschwindigkeit kommt dies innerhalb der Kegelhöhe nicht zur Geltung. Anders aber bei sehr niedriger Strömungsgeschwindigkeit, wie sie z. B. an der Leuchtgas–Luftflamme bei gasreicher Mischung erzielt werden kann, ohne daß die Brennfläche ins Rohr zurückschlägt. Auch hier rundet sich der Kegel und zwar weit stärker, ohne daß deswegen die Verbrennungsgeschwindigkeit in der Mitte größer sein muß. Auch bei Teclus Versuch zeigt die Brennnfläche, ehe sie als Ebene in das Glasrohr tritt, die Form eines stark abgerundeten Kegels, der sich immer mehr verflacht. Diese Art Rundung rührt, wie gesagt, davon her, daß die Geschwindigkeitsverteilung für Querschnitte in verschiedener Höhe über dem Brennerrand nicht mehr die gleiche ist und hat mit der hier betrachteten Abrundung der Spitze bei steilen Kegeln und großer Strömungsgeschwindigkeit nichts zu tun.

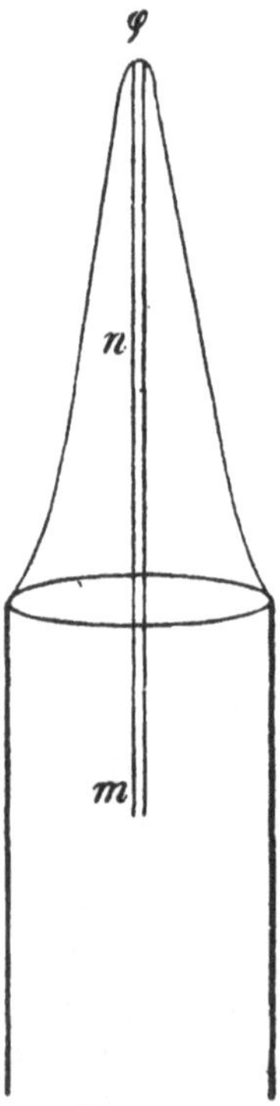

Fig. 23.

Die letztere Erscheinung dürfte, wenigstens zum größten Teil, durch die von den benachbarten Teilen der Brennfläche dem in die Spitze einströmenden Gasgemisch erteilte Vorwärmung veranlaßt sein.

Betrachten wir nämlich die in der Achse gelegene Strömungsröhre $m\ n$, welche in φ einmündet, wo das in ihr enthaltene Gas verbrennt. Diesem Gasgemisch wird nicht nur von φ aus, sondern auch von den seitlich anliegenden Flächenelementen Wärme zugeführt, was dieselbe Wirkung hat, als ob das Gas vorgewärmt würde, d. h. mit einer höheren als der Anfangstemperatur gegen φ strömte. Das erhöht dann dort die Verbrennungsgeschwindigkeit. Es ist aber klar, daß dieser Wärmebetrag den umliegenden Strömungsröhren entzogen wird, welche dann infolge des Wärmeentzugs eine etwas erniedrigte Verbrennungsgeschwindigkeit aufweisen werden. Soweit die spezifische Wärme des Gemisches konstant ist, dürfte sich das so ziemlich ausgleichen. Obwohl also der Wert der Verbrennungsgeschwindigkeit in diesen Teilen der Brennfläche von Punkt zu Punkt verschieden ist, erscheint doch der unter ihrer Einbeziehung über die ganze Fläche nach der Formel $c = \frac{V}{F}$ gebildete Mittelwert als der richtigste.

Diese Überlegung beweist auch, daß es nicht möglich ist, die durch die ganze Form der Flamme und den Verlauf der Strömung bestimmte Verschiedenheit in der Geschwindigkeit der Verbrennung etwa nur als Funktion der an der betreffenden Stelle vorhandenen Krümmungsverhältnisse auszudrücken. Nicht nur die Konvergenz der Wärmeströmung, auch die ganze Vorgeschichte des im Flächenelement verbrennenden Gasfadens bestimmt ihren Wert.

Während so der durch Abweichen der Kegelspitze von der geometrischen Form sich äußernde Unterschied in der Geschwindigkeit der Verbrennung die Gültigkeit des Gouy-Michelsonschen Verfahrens kaum berührt, besteht aber an der Basis des Kegels durch die an das Rohr erfolgende Wärmeabgabe eine Verminderung der Verbrennungsgeschwindigkeit unter den normalen Wert, die zweifellos eine Fehlerquelle des Verfahrens darstellen kann. Offenbar wird dieser störende Einfluß um so kleiner sein, je größer F ist. Man kann ihn für nicht zu niedrige Flammen sicherlich so gut wie beseitigen, wenn man, wie dies Michelson getan hat, den Rand der Brenner nach außen schräg abdreht, so daß oben eine scharfe Kante entsteht. Der von ihm erbrachte Nachweis, daß mit solchen Brennern von verschiedenem Durchmesser, also bei sehr verschieden großen Brennflächen gemachte Beobachtungen sich gut aneinander reihen, läßt erkennen, daß der abkühlende Einfluß des scharfen Brennerrandes innerhalb der erzielten Genauigkeit der Messungen vernachlässigt werden kann. Dasselbe beweist die Beobachtung, daß ein Brennerrohr, dessen Ende in gleicher Weise aus einem schlechten Wärmeleiter (Blau- oder Speckstein) hergestellt ist, für die Verbrennungsgeschwindigkeit dieselben Werte gibt, wie ein scharfrandiges Messingrohr. Für sehr kleine Durchmesser oder niedrige Flammen wird das freilich nicht mehr gelten.

Am stärksten wird die kühlende Wirkung, wenn die Flamme ins Rohr zurückschlägt. Für die ebene Brennfläche eines Leuchtgas–Luftgemisches wurde in einem 7 mm weiten Glasrohr als Summe aus Strömungs- und Wanderungsgeschwindigkeit 16 cm/sec erhalten, während an der über dem Rohr brennenden Kegelflamme desselben Gemisches eine Verbrennungsgeschwindigkeit von 37 cm/sec beobachtet worden war.

§ 10. **Die Brechung der Gasströmung in der Brennfläche.**

Die Gasströmung erfährt im Kegel der Bunsenflamme eine Ablenkung.

Tritt ein Strom eines brennbaren Gasgemisches vom Querschnitt q mit der Geschwindigkeit u' senkrecht in der Brennfläche XY ein, so muß der Kontinuität halber die Strömungsgeschwindigkeit hinter der Brennfläche so gesteigert sein, daß $q\varrho' u' = q\varrho'' u''$, also $\frac{u'}{u''} = \frac{\varrho''}{\varrho'}$ ist. Schließt hingegen der die Flamme speisende Gasstrom mit der Brennfläche den Winkel α ein, so wird auch hier aus Gründen der Kontinuität die Strömungsgeschwindigkeit von einem Wert u' auf einen Wert u'' erhöht werden, der jetzt aber der Gleichung $q\varrho' u' \sin\alpha = q\varrho'' u'' \sin\beta$ entspricht, wenn β den Winkel bezeichnet, den die Strömung hinter der Brennfläche mit ihr ein-

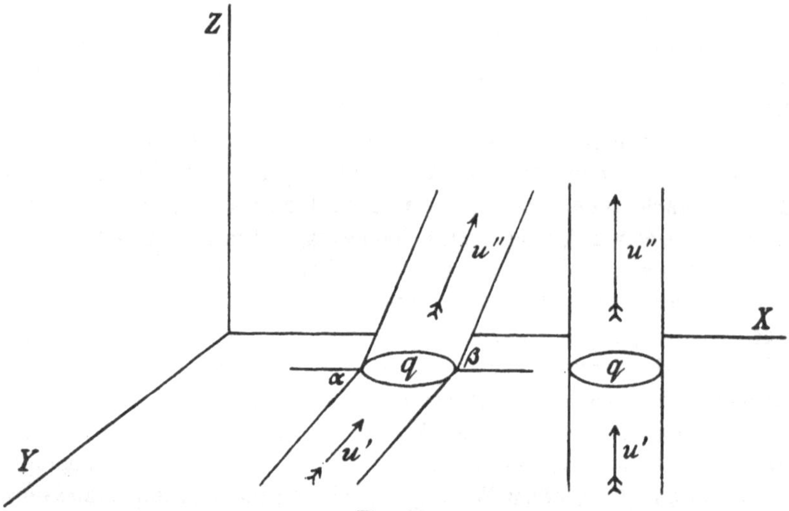

Fig. 24.

schließt. Da eine Änderung der Strömungsgeschwindigkeit u in der Richtung der Brennfläche nicht erfolgen kann, diese Geschwindigkeitserhöhung also nur die zur Fläche senkrechte Komponente u_n betrifft, so ist auch $u' \cos\alpha = u'' \cos\beta$. Aus der Vereinigung beider Gleichungen ergibt sich die für diesen Vorgang zuerst von Gouy aufgestellte Beziehung:

$$\frac{\varrho'}{\varrho''} = \frac{\operatorname{tg}\beta}{\operatorname{tg}\alpha}.$$

Nach diesem einfachen Gesetz wird der die Flamme speisende Gasstrom durch die vor und in der Brennfläche sich vollziehende Erhitzung und Verbrennung in der Richtung des zur Brennfläche errichteten Lotes gebrochen.

Bei festen Brennstoffen, wie wir sie später betrachten werden, ist das Dichtenverhältnis $\frac{\varrho'}{\varrho''} = \nu$ so groß, daß der Winkel β so gut wie ein rechter wird. Die Flammengase strömen dort von der

Brennfläche in zu ihr senkrechter Richtung ab. Bei der Verbrennung eines Gasgemisches besitzt hingegen ν vom Mischungsverhältnis abhängige, sehr verschiedene Werte.

Man kann diese Brechung der Gasströmung in der Brennfläche nach Gouy an der Flamme des Bunsenbrenners beobachten, wenn man die Strömungsfäden durch dem Gasgemisch beigemengten feinen Kohlenstaub (Lycopodium) sichtbar macht. Die in der Brennfläche lebhaft aufleuchtenden Teilchen bewegen sich dann längs einer Bahn ss' (Fig. 4), die auf der Brennfläche unter dem Winkel β ansetzt. Daß die Bahn sich weiterhin nach oben krümmt, hat hauptsächlich seinen Grund in der hier mit wachsendem Strömungsquerschnitt eintretenden Verminderung der Strömungsgeschwindigkeit, welche die Gasfäden wieder zurückbiegt. Auch die äußere Begrenzung des Flammenmantels verdankt denselben ablenkenden Ursachen ihre Form. Zugleich läßt dieser Versuch erkennen, daß die die abströmenden Flammengase unten umhüllende, sie gegen die umgebende Luft abgrenzende Mischungsschicht von den Konvektionsströmungen, die in der Luft auftreten, im allgemeinen nicht durchbrochen wird. Von dieser Schicht abgesehen, die den unteren Teil des Flammenmantels als äußerste bei Gasüberschuß bläulich leuchtende Hülle umgibt, und in der sich Flammengas mit der umgebenden Luft mechanisch und durch Diffusion mengt, kann eine Zumischung von Luft aus der umgebenden Atmosphäre in diesen infolge der hohen Strömungsgeschwindigkeit steifen Teilen der Flamme nicht stattfinden, wie das schon früher betont wurde.

Die obige Beziehung könnte benutzt werden, um durch Messung der beiden Winkel das Dichtenverhältnis ν und hieraus die Temperatur in der Brennfläche zu bestimmen. Aussichtsvoller als die unmittelbare Messung könnte das folgende Verfahren sein, das sich gleichfalls auf eine schon von Gouy gemachte Bemerkung stützt:

Es gibt für ein Gasgemisch bestimmter Zusammensetzung eine ganz bestimmte Kegelhöhe und Strömungsgeschwindigkeit, bei welcher der Ablenkungswinkel der Gasströmung $\beta - \alpha$, oder was dasselbe ist, die Neigung der Strömung im Flammengas gegen die Rohrachse, ein Maximum aufweist.

Aus $\operatorname{tg}(\beta - \alpha) = \frac{\operatorname{tg}\beta - \operatorname{tg}\alpha}{1 + \operatorname{tg}\alpha \operatorname{tg}\beta} = \frac{(\nu - 1)\operatorname{tg}\alpha}{1 + \nu \operatorname{tg}^2\alpha}$ folgt durch Nullsetzung des Differentialquotienten für den dieser Kegelhöhe zugehörigen Winkel α die einfache Beziehung $\cot\alpha = \sqrt{\nu}$ und für die zugehörige Strömungsgeschwindigkeit $u' = c'\sqrt{1 + \nu}$. Es dürfte möglich sein, durch Beobachtung dieser größten Ablenkung, bei der der

Flammenmantel ungefähr den größten Querschnitt aufweisen wird, das Dichtenverhältnis genauer zu bestimmen, als durch eine wirkliche Messung der Winkel.

Natürlich löst die Beschleunigung, welche die Gasströmung im Kegelmantel erfährt, eine mechanische Gegenwirkung aus, welche zur Folge hat, daß der Druck unter dem Kegel oder an der Rohrmündung bei brennender Flamme höher ist, als wenn das Gasgemisch ausströmt, ohne entzündet zu werden. Die hierdurch bewirkte Verminderung des Druckgefälles im Rohr ist der Grund für die bekannte Erscheinung, daß der Injektor eines Bunsenbrenners, ehe die Flamme entzündet wird, weit mehr Luft ansaugt, als wenn die Flamme brennt. Man kann diese Drucksteigerung, oder richtiger den Druckunterschied $p' - p''$, der auf den beiden Seiten der Brennfläche herrschen muß, damit das Gas in der Richtung der Flächennormalen im zu erwartenden Ausmaß beschleunigt wird, aus den Grundgleichungen der Hydrodynamik berechnen.

Sind $u_n' = u' \sin \alpha$ und $u_n'' = u'' \sin \beta$ die Komponenten der Strömung in der Richtung der Normalen, so ist gemäß der Kontinuitätsgleichung wieder $\varrho' u_n' = \varrho'' u_n''$. Außerdem liefert die Bewegungsgleichung für den stationären Fall

$$u_n \frac{\partial u_n}{\partial n} = -\frac{1}{\varrho} \frac{\partial p}{\partial n} \quad \text{oder} \quad \varrho u_n \, du_n = -dp.$$

Da ϱu_n offenbar nichts anderes darstellt als die im qcm der stationären Brennfläche sekundlich einströmende Gasmasse, also die Massenverbrennungsgeschwindigkeit $\gamma = \varrho' c'$, so erhalten wir durch Integration $\varrho' c' (u_n'' - u_n') = p' - p''$, oder da nach dem Gouyschen Satz $u_n' = c'$ ist, schließlich

$$p' - p'' = \varrho' c'^2 \left(\frac{\varrho'}{\varrho''} - 1 \right).$$

Könnte man diesen Druckunterschied zwischen den beiden Seiten der Brennfläche messen, so wäre auch hieraus das Dichtenverhältnis zu bestimmen.

Leicht meßbar ist jedoch nur p' und zwar einfach in der Weise, daß man am Ende des Brennerrohrs ein Röhrchen senkrecht an die Wand lötet, das mit einem empfindlichen Horizontalmanometer verbunden wird.

Ein Leuchtgas–Luftgemisch von $25\frac{1}{4}$ % Gasgehalt ($c' = 34{,}2$ cm/sec) strömte mit einer Geschwindigkeit von 425 cm/sec durch ein Rohr von 1 cm lichter Weite. Vor der Zündung betrug der Überdruck gegen die Atmosphäre 0,076, nach der Zündung 0,149 mm Wasser. Unter der Annahme, daß die beobachtete Drucksteigerung von

0,073 mm Wasser = 7,2 Dyne/cm² auch dem Drucksprung in der Brennfläche entspricht, würde sich $\frac{\varrho'}{\varrho''} = 6{,}4$ ergeben. Das ist aber gewiß nur ein Näherungswert, der wesentlich zu hoch sein kann, da auch auf der anderen Seite der Brennfläche, also im Flammengas der Druck über den vorher im Gasstrahl vorhandenen gesteigert sein wird.

Das letztere ist besonders dann der Fall, wenn, wie bei den auf den Tafeln durch die Figg. 13 bis 17 dargestellten Formen, die Flammengase konvergieren und infolge der hierdurch auftretenden Querschnittsverkleinerung in diesen Teilen der Flamme noch weitere erhebliche Beschleunigungsarbeit geleistet werden muß. Derartige Störungen des hydrostatischen Gleichgewichts können dann auch auf die Strömungsverhältnisse vor der Flamme und auf die Form der Brennfläche zurückwirken, wie dies besonders Fig. 16 erkennen läßt, wo durch den scheinbaren „Widerstand", den die Flamme im Sinne der obigen Ausführungen der Strömung entgegensetzt, der Strahl sich beträchtlich verbreitert und die Ränder der Brennfläche über das Rohr weit hinausgreifen.

Eine direkte Messung der Geschwindigkeit der Flammengase ist wegen der Bedeutung, welche sie für die Bestimmung der Wanderungsgeschwindigkeit der Elektrizitätsträger in diesen Gasen besitzt, wiederholt auf verschiedene Weise ausgeführt worden.

Zuerst hat Lenard[1] sie näherungsweise ermittelt, indem er den Brenner auf einer Zentrifugalmaschine im Kreise herumbewegte und die Geschwindigkeit, bei der die Flamme gegen die Senkrechte eine Neigung von 45° annahm, mit der Geschwindigkeit der Flammengase gleichsetzte.

Becker[2] ermittelte den Auftrieb, welchen kleine Kugeln aus Hartglas im Innern der Flamme erfahren und berechnete hieraus mittels empirisch gegebener Konstanten die Geschwindigkeit der Strömung in der Vertikalen. Ein anderes von ihm geübtes Verfahren bestand darin, daß in die Flamme ein feines mit Naphthalin gefülltes Röhrchen oder ein mit Naphthalin beschicktes Drähtchen gebracht wurde, das an der Zinke einer Stimmgabel befestigt war. Das verbrennende Naphthalin bildete einen hellen Streifen in der Flamme, der die Form einer Welle annahm, wenn die Gabel erregt wurde. Aus der Länge der Welle, die durch einen während jeder Schwingung sich einmal öffnenden Spalt beobachtet wurde

[1] Ann. d. Phys. 9, 642 (1902).
[2] Ann. d. Phys. 24, 823 (1907).

und aus der Schwingungszahl der Gabel ergab sich die Strömungsgeschwindigkeit des Flammengases an der betreffenden Stelle.

Den von der Strömung mitgerissenen, in der Flamme aufleuchtenden Kohlenstaub benutzten Gold[1] und Andrade.[2] Gold beobachtete die Bahn der leuchtenden Teilchen mittels Fernrohr im Spiegel einer Lissajousschen Stimmgabel. Die Bahn erschien dann wieder als Welle, aus deren Länge und Periode die Strömungsgeschwindigkeit abgeleitet werden konnte. Andrade verwendete einen rotierenden Spiegel. Die Bahnen der Teilchen waren als helle Linien zu sehen, die eine von der Umdrehungszahl n des Spiegels abhängende Neigung φ gegen die Senkrechte zeigten, die genau gemessen werden konnte. Durch sie und den Abstand a des für die Beobachtung in Betracht kommenden Teils der spiegelnden Fläche von der Flamme war die Geschwindigkeit der Teilchen als $4 \pi n a \cot \varphi$ gegeben.

Besonders das letzte Verfahren dürfte genügend genau sein, um bei gleichzeitiger Beobachtung der Strömungsrichtung auch das Dichtenverhältnis ermitteln zu lassen.

§ 11. Berechnung der Form der Brennfläche in der Bunsenflamme.

Sieht man von der Spitze ab, so kann man nach allem die Verbrennungsgeschwindigkeit auf den übrigen Teilen des Brennkegels als hinreichend konstant ansehen und nun dessen Form berechnen, indem man ein bestimmtes Gesetz zugrunde legt, nach welchem die Strömungsgeschwindigkeit im Gasstrahl von der Mitte nach außen hin abnimmt. Man wird bei rascher Strömung fürs erste annehmen können, daß diese Geschwindigkeitsverteilung knapp über dem Rohr mit der im Rohr übereinstimmt.

Über die Strömungserscheinungen bei Geschwindigkeiten und Rohrweiten, wie sie hier in Frage kommen, liegen aus jüngster Zeit eine Reihe von Untersuchungen vor. Man war bis vor kurzem geneigt, in hinreichend langen Röhren einfach die Gültigkeit des Poiseuilleschen Gesetzes anzunehmen und zwar bis zum Auftreten von Turbulenz, d. h. bis zum Überschreiten einer gewissen kritischen Geschwindigkeit, die für Flüssigkeiten durch Reynolds[3] zu $1000 \frac{\eta}{\varrho R}$ bestimmt wurde, wo η den Koeffizienten der inneren Reibung, ϱ die Dichte der Flüssigkeit und R den Halbmesser des Rohres bedeutet.

[1] Proc. Roy. Soc. (A) 79, 43 (1907).

[2] Ann. d. Phys. 37, 380 (1912).

[3] Phil. Trans. R. S. London 174. 935 (1883).

Man ging hierbei von der Vorstellung aus, daß, solange die Strömung überhaupt laminar ist, die der Wand unmittelbar anliegende Schicht infolge der großen äußeren Reibung unter allen Umständen an der Rohrwand haften bleiben müsse, daß also die Geschwindigkeit nach innen zu vom Werte Null aus ansteigt.

Es haben aber dann Becker[1] und Kohlrausch[2] gezeigt, daß beim Strömen von Gasen in weiteren Röhren bereits unterhalb der kritischen Geschwindigkeit Abweichungen vom Poiseuilleschen Gesetz auftreten und Schmid[3] kommt zu dem Schluß, daß diese Abweichungen durch ein Gleiten der äußeren Schicht an der Rohrwand veranlaßt sind. Es gilt dann nicht mehr das Poiseuillesche Gesetz über den Zusammenhang der Fördermenge mit dem Druckgefälle, und die Geschwindigkeit an der Wand kann von Null weit verschieden sein, wohl erfolgt aber auch hier noch, wie bei der Poiseuilleschen Strömung die Geschwindigkeitsverteilung über den Querschnitt nach einer Parabel mit dem einzigen Unterschied, daß sich jetzt die Öffnung dieser Parabel nicht mehr mit dem Rohrdurchmesser deckt. Schmid verwendet ein $2^1/_2$ m langes Rohr von 3 cm Weite und zur Messung der Geschwindigkeit eine Drucksonde (Pitotröhre).

Zu dem gleichen Ergebnis gelangt Zeeman[4], der um den Fizeauschen Mitführungskoeffizienten, durch den die Änderung der Lichtgeschwindigkeit in einem bewegten Mittel dargestellt wird, zu bestimmen, die Strömung von Wasser durch ein 5 m langes und 4 cm weites Rohr untersuchte. Zwar war bei einer mittleren Geschwindigkeit von 4,7 m/sec die Geschwindigkeit in der Achse an verschiedenen Stellen des Rohrs in unregelmäßiger Weise verschieden und sogar von der Richtung der Strömung abhängig, die Verteilung der Geschwindigkeiten über einen bestimmten Querschnitt zeigte aber auch hier die Gestalt einer Parabel, deren Öffnung weit über den Rohrdurchmesser hinausgriff, so daß einer Geschwindigkeit in der Achse von $5^1/_2$ m/sec an der Wand noch eine solche von 3 m/sec entsprach. Die Geschwindigkeiten werden hierbei teils durch ein in das Rohr eingesetztes Fenster mit Hilfe eines rotierenden Spiegels an vom Wasser mitgeführten hell beleuchteten Luftbläschen gemessen, teils mittels einer Drucksonde, die nach dieser optischen Methode geeicht war.

---

[1] Ann. d. Phys. **24**, 863 (1907).
[2] Ann. d. Phys. **44**, 297 (1914).
[3] Wien. Ber. **124**, 1143 (1915).
[4] Proc. Amsterdam **19**, 125 (1916).

Mag es auch dahingestellt bleiben, ob die alleräußerste Schicht an der Wand wirklich gleitet, oder ob nicht vielmehr, wie dies z. B. Szarvassi[1] annimmt, diese Schicht aus zahllosen kleinen ringförmigen Wirbeln besteht, die sich infolge der Rauhigkeit der Wand bilden und auf denen erst die laminare Strömung wie auf einem Friktionslager gleitet, jedenfalls scheint durch diese Versuche nachgewiesen, daß eine Gleitung besteht, d. h. daß die erste in der Strömungsrichtung laminar bewegte Schicht eine von Null weit verschiedene Geschwindigkeit aufweisen kann. Da die Rohrweiten und Strömungsgeschwindigkeiten bei diesen Versuchen ungefähr den Verhältnissen im Bunsenbrenner entsprechen, läßt sich daraus ableiten, daß auch in dem aus dem Brennerrohr austretenden Gasstrahl die äußerste Schicht eine beträchtliche Geschwindigkeit besitzt, die die Verbrennungsgeschwindigkeit weit übertreffen kann und durch den Winkel bestimmt erscheint, unter dem der Kegelrand sich gegen die Strömung einstellt. Die Ausführungen auf S. 33 werden hierdurch gestützt.

Von diesem Gesichtspunkt aus gewinnt eine Berechnung erhöhtes Interesse, die Michelson schon vor langer Zeit (l. c. S. 19) über die Form der Brennfläche der Bunsenflamme ausgeführt hat und die wir im folgenden wiedergeben. Er nimmt hierbei an, daß sich die Strömungsgeschwindigkeit von der Mitte nach außen so ändert, wie das einer mit konstantem Druckgefälle unter dem Einfluß innerer und endlicher äußerer Reibung in einem Rohr strömenden inkompressiblen Flüssigkeit entspricht. In der Tat ist es bei der Kleinheit der zur Erzielung derartiger Geschwindigkeiten nötigen Druckunterschiede gestattet, das Gas als inkompressible Flüssigkeit zu behandeln. Es seien η und λ die Koeffizienten der inneren und äußeren Reibung, $r = \sqrt{x^2 + y^2}$ sei der veränderliche Radius der Zylinderkoordinaten, R der Halbmesser des Brennerrohrs, in dessen Achse wir die z-Richtung legen.

Die Strömungsgeschwindigkeit u ergibt sich dann als Funktion von r durch Integration der Differentialgleichung:

$$\frac{d^2u}{dr^2} + \frac{1}{r}\frac{du}{dr} = \frac{a}{\eta},$$

wenn wir den Druckzuwachs auf der Längeneinheit mit a bezeichnen. Man erhält[2] nach Bestimmung der Konstanten

$$u = -\frac{a}{4\eta}\left(R^2 - r^2 + \frac{2\eta}{\lambda} R\right)$$

---

[1] Wien. Ber. **123**, 1307 (1914).

[2] Vgl. z. B. Kirchhoff, Vorles. über Mech., 4. Aufl. S. 373.

als Ausdruck für die Verteilung der Geschwindigkeit im Rohr und für das sekundlich durch den ganzen Querschnitt strömende Gasvolumen

$$\Phi = 2\pi \int_0^R u r\, dr = -\frac{\pi a}{8\eta}\left(R^4 + \frac{4\eta}{\lambda} R^3\right).$$

Für $\lambda = \infty$ ergibt sich das Gesetz von **Poiseuille**, nach welchem die Fördermenge Φ der vierten Potenz des Halbmessers proportional ist und es wird die Geschwindigkeit an der Rohrwand u_R gleich Null, d. h. für $r = R$ ist $u = u_R = 0$. Hat aber λ einen endlichen Wert, wie wir das hier voraussetzen, so wird $u_R = -\frac{a}{2\lambda} R$.

Die Form der Brennfläche ist nun durch die Bemerkung bestimmt, daß auf ihr die Normalkomponente der Strömung $u \sin \alpha$ überall gleich ist der Geschwindigkeit c der Verbrennung. Dann ist also

$$\frac{dz}{dr} = \cot \alpha = \pm \frac{\sqrt{u^2 - c^2}}{c}.$$

Setzt man hier den Ausdruck für u ein und schreibt zur Abkürzung

$$-\frac{a}{4\eta}\left(R^2 + \frac{2\eta}{\lambda} R\right) = m$$

und

$$-\frac{a}{4\eta} = n,$$

so bestimmt sich der Achsenschnitt der Brennfläche durch Integration der Gleichung:

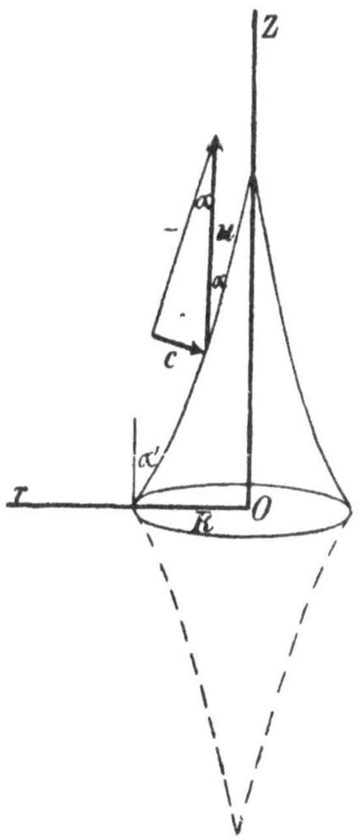

Fig. 25.

$$\frac{dz}{dr} = \pm \frac{1}{c}\sqrt{(m - nr^2)^2 - c^2} = \pm \frac{1}{c}\sqrt{(m - nr^2 + c)(m - nr^2 - c)}.$$

Diese Integration führt auf elliptische Integrale. Setzt man nämlich:

$$\frac{m - c}{m + c} = k^2; \quad \frac{m - c}{c}\sqrt{\frac{m + c}{n}} = M \quad \text{und} \quad \frac{n}{m - c} r^2 = \sin^2 \varphi,$$

endlich zur Abkürzung $\sqrt{1 - k^2 \sin^2 \varphi} = \Delta \varphi$, so erhält, wie man sich leicht durch Substitution überzeugt, die obige Diff.-Gl. die Form $\frac{dz}{d\varphi} = \pm M \cos^2 \varphi\, \Delta \varphi$, ein Ausdruck, der nun wie folgt integriert wird:

$$z = \pm M\left\{\sin \varphi \cos \varphi\, \Delta \varphi - \int \sin \varphi\, d(\cos \varphi\, \Delta \varphi)\right\},$$

oder da

$$d(\cos\varphi\,\varDelta\varphi) = \left(-\sin\varphi\,\varDelta\varphi - \frac{k^2\sin\varphi\cos^2\varphi}{\varDelta\varphi}\right)d\varphi,$$

$$z = \pm M\left\{\sin\varphi\cos\varphi\,\varDelta\varphi + \int\sin^2\varphi\left(\varDelta\varphi + \frac{k^2\cos^2\varphi}{\varDelta\varphi}\right)d\varphi\right\}$$

$$= \pm M\left\{\sin\varphi\cos\varphi\,\varDelta\varphi + \int\varDelta\varphi\,d\varphi - \int\cos^2\varphi\,\varDelta\varphi\,d\varphi + \int\frac{k^2\sin^2\varphi\cos^2\varphi}{\varDelta\varphi}\,d\varphi\right\},$$

oder da

$$\int\frac{k^2\sin^2\varphi\cos^2\varphi}{\varDelta\varphi}\,d\varphi = \int\frac{\cos^2\varphi}{\varDelta\varphi}[1-(1-k^2\sin^2\varphi)]\,d\varphi$$

$$= \int\frac{\cos^2\varphi}{\varDelta\varphi}\,d\varphi - \int\cos^2\varphi\,\varDelta\varphi\,d\varphi$$

und

$$\int\cos^2\varphi\,\varDelta\varphi\,d\varphi = \frac{z}{M}$$

ist, schließlich:

$$z = \pm\frac{M}{3}\left\{\sin\varphi\cos\varphi\,\varDelta\varphi + \int\varDelta\varphi\,d\varphi + \int\frac{\cos^2\varphi}{\varDelta\varphi}\,d\varphi\right\}$$

$$= \pm\frac{M}{3}\left\{\sin\varphi\cos\varphi\,\varDelta\varphi + \int\varDelta\varphi\,d\varphi + \int\frac{d\varphi}{\varDelta\varphi} - \frac{1}{k^2}\int\frac{1-(1-k^2\sin^2\varphi)}{\varDelta\varphi}\,d\varphi\right\}$$

$$= \pm\frac{M}{3}\left\{\sin\varphi\cos\varphi\,\varDelta\varphi + \left(1-\frac{1}{k^2}\right)\int\frac{d\varphi}{\varDelta\varphi} + \left(1+\frac{1}{k^2}\right)\int\varDelta\varphi\,d\varphi\right\}.$$

Bestimmen wir die Integrationskonstante so, daß die im letzten Ausdruck enthaltenen Integrale für $\varphi = 0$ verschwinden und schreiben wir, wie üblich, für die so bestimmten elliptischen Integrale erster und zweiter Art

$$\int_0^\varphi\frac{d\varphi}{\varDelta\varphi} = F(k,\varphi) \quad\text{und}\quad \int_0^\varphi\varDelta\varphi\,d\varphi = E(k,\varphi),$$

so wird die gesuchte Gleichung des Achsenschnitts der Brennfläche:

$$z = C \pm \frac{M}{3}\left\{\sin\varphi\cos\varphi\,\varDelta\varphi + \left(1-\frac{1}{k^2}\right)F(k,\varphi) + \left(1+\frac{1}{k^2}\right)E(k,\varphi)\right\}.$$

Legt man den Ursprung der Koordinaten in den Mittelpunkt der Grundfläche des Brennkegels, so ist, wie man leicht einsieht, die Konstante C, also dasjenige z, welches $\varphi = 0$ und somit auch $r = 0$ entspricht, nichts anderes als die Höhe des Brennkegels. Sie ist auch gleich dem Wert, den der veränderliche Ausdruck auf der rechten Seite für $r = R$ annimmt, da dort $z = 0$ ist. Beide Vorzeichen dieses Ausdrucks befriedigen die allgemeine für die Brennfläche geltende Bedingung. Das negative Vorzeichen entspricht dem gewöhnlichen aufrechten Brennkegel, das positive dem verkehrten. Sein Achsenschnitt ist in Fig. 25 gestrichelt eingezeichnet. Beide Formen können stabil sein und es hängt von den äußeren Bedingungen ab, welche man erhält.

Sind die zur dauernden Erhaltung des Kegels nötigen Zündstellen am Rand über dem Brennerrohr gelegen, so bildet sich nur der gewöhnliche Kegel; tritt hingegen dort keine Zündung ein und wird statt dessen in der Achse eine Zündstelle angebracht, so erhält man nur den verkehrten.

Der Ausdruck $w = u \sin \alpha - c$ ist nämlich auf der Brennfläche gleich Null. Wird die Fläche irgendwie verändert, so gibt er ein Maß für die Geschwindigkeit, mit der das Brennflächenelement in die Gleichgewichtslage zurückkehrt. Beim Übergang von der einen Seite der stabilen Brennfläche zur andern wechselt w sein Vorzeichen; wird w in der Richtung der Strömung positiv gezählt und gehen wir in der Richtung der Strömung durch die Fläche, so wird diese nur dann stabil sein, wenn sich hierbei das Vorzeichen von + auf − ändert.

Setzen wir nun fest, daß der Rand des Brennkegels unveränderlich am Rohr ruht, so tritt dieser Vorzeichenwechsel für den aufrechten Kegel ein. Verschieben wir die Spitze ein wenig nach unten, der Strömung entgegen, so wird w positiv, d. h. die Strömungskomponente überwiegt die Verbrennungsgeschwindigkeit und führt den Kegel in die alte Lage zurück. Verschieben wir die Spitze ein wenig nach oben, so wird w negativ und die Rückkehr in die frühere Lage durch die jetzt größere Verbrennungsgeschwindigkeit bewirkt. Hingegen ist in diesem Fall für den verkehrten Kegel der Vorzeichenwechsel der entgegengesetzte und daher diese Flammenform instabil.

Gerade umgekehrt sind aber die Verhältnisse, wenn man nicht den Rand, sondern die Spitze festhält, wie dies dem Fall entspricht, daß sich die Zündstelle in der Achse des Rohrs befindet. Jetzt erfolgt nur beim verkehrten Kegel der Vorzeichenwechsel von + auf − und es wird nur bei ihm eine jede Änderung des Öffnungswinkels sofort ausgeglichen.

Um die berechnete Form der Brennfläche mit der beobachteten vergleichen zu können, erübrigt noch die Bestimmung der im Ausdruck für z enthaltenen Koeffizienten m und n, die auf folgendem Wege möglich ist:

Außer der Fördermenge Φ mißt man noch den Winkel α', den der äußerste Rand der Brennfläche mit der Strömungsrichtung einschließt. Bedeutet wieder u_R die Strömungsgeschwindigkeit in dieser am weitesten nach außen längs der Rohrwand streichenden Schichte, so ist einerseits $u_R = \frac{c}{\sin\alpha'}$, anderseits, wie schon oben bemerkt wurde, $u_R = -\frac{a}{2\lambda}R$, woraus $\lambda = -\frac{aR\sin\alpha'}{2c}$ folgt. Diese Gleichung bestimmt den Koeffizienten der äußeren Reibung λ. Weiter ist gemäß der Bedeutung von m und n:

$$\Phi = \pi R^2\left(m - \frac{nR^2}{2}\right) \quad \text{und} \quad -\frac{a}{2\lambda}R = m - nR^2 = \frac{c}{\sin\alpha'},$$

folglich

$$m = \frac{2\Phi}{\pi R^2} - \frac{c}{\sin\alpha'} \quad \text{und} \quad n = \frac{2}{R^2}\left(\frac{\Phi}{\pi R^2} - \frac{c}{\sin\alpha'}\right),$$

oder wenn man für die mittlere Strömungsgeschwindigkeit $\frac{\Phi}{\pi R^2}$ den Buchstaben U schreibt:

$$m = 2U - u_R \quad \text{und} \quad n = \frac{2}{R^2}(U - u_R).$$

Die Größen m und n sind also durch sehr einfache Ausdrücke gegeben.

Statt der direkten Messung des Winkels α', die nur mit mäßiger Genauigkeit erfolgen kann, empfiehlt es sich die Photographie des Brennkegels in stark vergrößerter Projektion auszumessen, die Strömungsgeschwindigkeit nicht nur für den Rand, sondern auch weiter nach innen aus der Beziehung $u = \frac{c}{\sin\alpha}$ zu ermitteln und den Wert am Rand u_R durch Extrapolation zu entnehmen.

Hat man auf diese Weise die Werte für m und n gefunden, so kann man den Modul k und den Koeffizienten M nach den diese Größen bestimmenden Gleichungen erhalten, hierauf mit Hilfe der für die Integrale $F(k, \varphi)$ und $E(k, \varphi)$ vorhandenen Tafeln den Achsenschnitt der Brennfläche berechnen und das Ergebnis der Berechnung mit der Beobachtung vergleichen.

Die folgenden Angaben sind einer noch nicht beendeten Untersuchung entnommen, in der beabsichtigt wird, umgekehrt aus der Form des Brennkegels die Verteilung der Geschwindigkeit zu ermitteln. Es war in einem bestimmten Fall, wo eine Leuchtgasluftflamme auf einem Rohr von genau 1 cm innerem Durchmesser brannte, $U = 209{,}1$ cm/sec, $c = 58{,}24$ cm/sec und es wurden in verschiedener Entfernung r von der Achse für z die unten gegebenen Werte an der vergrößerten Photographie des Brennkegels gemessen. Der Ausgangspunkt der Zählung war hierbei in den Mittelpunkt des durch den äußersten Saum des Kegelrandes bestimmten Kreises gelegt worden. Da dieser Saum wegen der schon vor der sichtbaren Verbrennung erfolgenden Erhitzung und Brechung der Strömung ein wenig über den Durchmesser des Rohrs hinausgreift, hat z für $r = R$ noch nicht ganz den Wert Null. Als Randgeschwindigkeit wurde ein Wert $u_R = 101{,}5$ cm/sec gefunden, der Winkel α' betrug demnach 35°. Die letzte Spalte gibt die Differenz zwischen den unter Zugrundelegung dieser Zahlen nach Michelsons Formel für z berechneten und den beobachteten Werten.

r mm	z mm beob.	z mm ber.	Δ mm
0	18,95	20,39	+ 1,44
1	15,59	15,09	— 0,50
2	10,59	10,10	— 0,49
3	5,60	5,70	+ 0,10
4	2,32	2,22	— 0,10
5	0,56	0,00	— 0,56

Sieht man auch von der Spitze ab, wo infolge der Rundung zu niedrige Werte beobachtet werden, so sind die Abweichungen zwar verhältnismäßig klein, aber gewiß größer als die möglichen Fehler der Messung. Bei der großen Zahl von Ursachen, welche diese Abweichungen haben können, ist es jedoch ohne eingehende Untersuchung schwer möglich, sie aufzuklären. Vielleicht wäre besserer Anschluß zu gewinnen, wenn man als Kurve der Geschwindigkeitsverteilung statt einer quadratischen, eine kubische Parabel annehmen würde, wie sie aus den oben erwähnten Versuchen Beckers zu folgen scheint. Aber auch der im Gasstrahl einsetzende Geschwindigkeitsausgleich, die Störung des linearen Druckgefälles in der Nähe der Mündung, der Rückdruck der abströmenden Flammengase und andere Vorgänge können die Form der Brennfläche beeinflussen und es wird nicht leicht sein, sie alle in Rechnung zu ziehen. So wird man sich vorerst mit der durch die obige Formel erzielten Annäherung begnügen müssen.

Michelson bemerkt noch, daß bei Gültigkeit der über die Strömung gemachten Annahme die Messung des Winkels α' zusammen mit der des Druckgradienten a die Reibungskoeffizienten bestimmen läßt. Der Koeffizient der äußeren Reibung zwischen Gasgemisch und Rohrwand ist durch die schon oben angeschriebene Gleichung

$$\lambda = -\frac{a R \sin\alpha'}{2c}$$

gegeben, der der inneren Reibung durch

$$\eta = -\frac{a}{4n} = -\frac{a R^2 \sin\alpha'}{8(U\sin\alpha' - c)}\,.$$

Der „Gleitungskoeffizient" berechnet sich hiernach zu

$$\frac{\eta}{\lambda} = \frac{R c}{4(U \sin \alpha' - c)} \,.$$

§ 12. Die Verbrennung in geschlossenem, kugelförmigen Gefäß bei Zündung im Mittelpunkt.

Das in einer kugelförmigen Bombe enthaltene Gasgemisch werde im Zentrum gezündet. Der Anstieg des Druckes bei Fortschreiten der Verbrennung, die Temperatur und das spezifische Volumen des verbrannten und noch unverbrannten Gasgemisches, endlich die einem bestimmten Druck zugehörige Lage der Brennfläche sollen berechnet werden.[1]

Das Gesamtvolumen der Bombe $\bar{V}$ können wir konstant setzen. Hingegen wird der Druck mit fortschreitender Verbrennung wachsen. Betrachten wir ein Massenelement des eingeschlossenen Gases, so wird sein Volumen vor und nach der Verbrennung wegen des steigenden Druckes fortwährend verkleinert. Nur während es selbst verbrennt, nimmt sein Volumen plötzlich zu.

Wir setzen ein nicht zu schwach explosives Gemisch voraus, so daß die Verbrennung der ganzen Ladung rasch genug erfolgt, um den Wärmeaustausch zwischen benachbarten Gaselementen, wie auch zwischen der Wandung der Bombe und der ihr anliegenden Gasschichte vernachlässigen zu können. Das letztere ist in unserer Kugel um so mehr gestattet, als an der Wand die hohe Verbrennungstemperatur erst am Ende des ganzen Verbrennungsvorganges erreicht wird. Wir setzen also voraus, daß die Kompression, welche die einzelnen Gaselemente vor und nach der Verbrennung erfahren, rein adiabatisch vor sich geht.

Die Verbrennung wird auf Kugelflächen fortschreiten, welche die verbrannte von der noch nicht verbrannten Ladung trennen, woferne der beträchtliche Dichtenunterschied zwischen beiden Teilen keine Strömungen hervorruft. Nach den später noch zu erwähnenden Versuchen von Hopkinson macht sich ein solcher Dichtenausgleich durch Strömungen nur in sehr schwach explosiven Gemischen bemerklich, wo die Verbrennungsdauer groß genug ist, um ihre Ausbildung zu gestatten. Hier nehmen wir an, daß das Abbrennen auf Kugelflächen durch Strömungen nicht gestört wird. Anderseits soll aber doch der ganze Vorgang nicht so heftig verlaufen, daß Explosionswellen auftreten könnten. Der Ausgleich des Druckes soll ungleich rascher erfolgen als die Verbrennung, so daß in einem bestimmten

[1] L. Flamm und H. Mache, Wien. Ber. 126, 9 (1917).

Augenblick in der ganzen Bombe immer ein bestimmter, gleicher Druck p herrscht.

Wir denken uns die ganze in der Bombe enthaltene Gasmasse $\bar{m}$ in konzentrische Kugelschichten zerlegt. Die Kugel, welche die Masse $m = \bar{m} x$ umschließt, erscheint zunächst durch die Angabe von x hinlänglich gekennzeichnet; es ist x der Bruchteil der Gesamtladung, der in der betreffenden Kugel enthalten ist und die Angabe seines Wertes bestimmt mittelbar die „Lage" der Kugeloberfläche. Es bedeutet $x = 0$ den Mittelpunkt, $x = 1$ die Wand der Bombe.

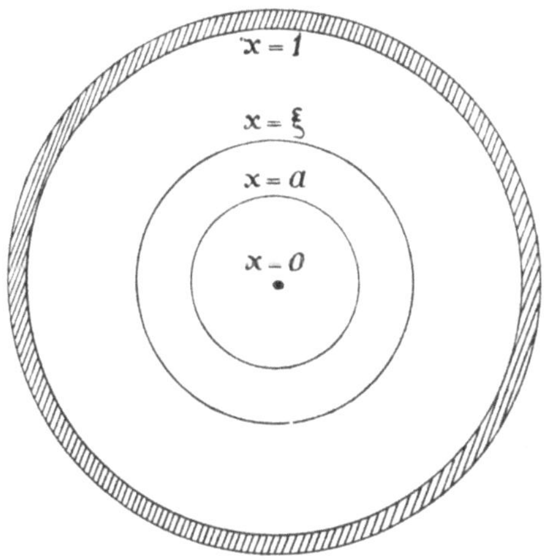

Fig. 26.

Ist a eine Zahl, die kleiner als eins ist, so ist durch $x = a$ irgendeine der Kugelflächen gegeben.

Auch die Brennfläche fällt in jedem Augenblick auf eine dieser Kugelflächen, auch ihr kommt somit jeweils ein gewisser Wert x zu, der mit ξ bezeichnet werden soll. Es bedeutet also $x = \xi$ die Brennfläche. Mit fortschreitender Zeit nimmt ξ rasch zu und zwar vom Wert $\xi = 0$, den es im Augenblick der Zündung hat, bis zum Wert $\xi = 1$, den es erreicht, wenn die Brennfläche bei der Wand anlangt und alles Gas gerade verbrannt ist. Irgendeine Kugel $x = a$ liegt im verbrannten Gasgemisch, wenn, wie in der Zeichnung $a < \xi$ ist; ist $a > \xi$, so liegt sie im noch unverbrannten Gasgemisch.

Wir werden statt Radius und Zeit im folgenden x als die räumliche und ξ als die zeitliche Variable benützen, was sich empfiehlt, da der Radius selbst für eine bestimmte, die Masse m einschließende Kugel sich während der Verbrennung fortwährend ändert.

Die zwischen zwei Kugelflächen x und $x + dx$ gelegene Masse $dm = \bar{m} dx$ hat das Volumen $v dm$, wenn v das spezifische Volumen des Gasgemisches in dieser elementaren Gasschichte bezeichnet. Das unveränderliche Gesamtvolumen der Bombe $\bar{V}$ ist dann durch

$$\bar{V} = \int_0^{m} v\, dm = \bar{m} \int_0^1 v\, dx \text{ gegeben.}$$

Man führt vorteilhaft das gleichfalls konstante mittlere spezifische Volumen $v_m = \frac{V}{m}$ ein und schreibt

$$\int_0^1 v\,dx = v_m = \text{const.} \tag{1}$$

als zu erfüllende Hauptbedingung. Es ist v_m auch identisch mit dem in der ganzen Bombe gleichen Wert, den das spezifische Volumen anfangs im Augenblick hat, da im Mittelpunkt gezündet wird. Der zugehörige Anfangsdruck sei p_0.

Das spezifische Volumen einer bestimmten, elementaren Gasschichte ändert sich vor und nach der Verbrennung in stetiger Weise längs einer Adiabate; nur während der Verbrennung ändert es seinen Wert sprungweise. Wir wollen die Gültigkeit der einfachen Adiabatengleichung voraussetzen, d. h. für die beiden Temperaturbereiche, welche das unverbrannte und das verbrannte Gasgemisch infolge der adiabatischen Kompression durchlaufen, konstante spezifische Wärme annehmen. Eine Berücksichtigung der Temperaturabhängigkeit der spezifischen Wärmen und ihres Quotienten $\varkappa$ würde die Rechnungen so verwickelt gestalten, daß eine geschlossene Integration nicht möglich wäre. Praktisch läßt sich der hierdurch bedingten Ungenauigkeit durch Einführung von entsprechend gebildeten Mittelwerten hinlänglich begegnen.

Es hat dann für eine bestimmte Schichte x der Ausdruck

$$p^{\frac{1}{\varkappa}} v = F$$

vor der Verbrennung einen bestimmten Wert und nach der Verbrennung einen bestimmten anderen Wert. Doch besteht hierbei noch ein anderer, wesentlicher Unterschied. Der unverbrannte Teil der Ladung wird, vom durchaus gleichen Anfangsdruck p_0 und vom durchaus gleichen Anfangsvolumen v_m ausgehend, adiabatisch komprimiert. Es hat somit im unverbrannten Teil der Ladung der Ausdruck F für alle Schichten, also unabhängig von x, ein und denselben Wert

$$F' = p^{\frac{1}{\varkappa'}} v' = p_0^{\frac{1}{\varkappa'}} v_m \tag{2}$$

und es ist für einen bestimmten Druck das überall gleiche spezifische Volumen v' des noch unverbrannten Gases hieraus ohne weiteres berechenbar.

Nach der Verbrennung hat hingegen das spezifische Volumen und die „adiabatische Funktion" F nicht nur einen anderen, sondern auch von Schichte zu Schichte verschiedenen, also von x abhängigen Wert, da hier Druck und Volumen, wie sie unmittelbar nach vollzogener Verbrennung vorhanden waren, die Anfangswerte darstellen und diese für jede elementare Schichte andere sind. Es ist also der Wert von F nach der Verbrennung eine Funktion von x. Wir wollen, um dies anzudeuten, dafür $F''(x)$ schreiben. Erst die Kennntnis dieser Abhängigkeit ermöglicht für eine bestimmte Stelle und für einen bestimmten Druck die Berechnung des spezifischen Volumens v'' des verbrannten Gases nach der Definitionsgleichung

$$F''(x) = p^{\frac{1}{\varkappa''}} v'' \ .$$

Um dahin zu gelangen, müssen wir noch den Zusammenhang einführen, welcher die verschiedene Temperatur, bei welcher die einzelnen Schichten verbrannt werden und die zugehörige Verbrennungstemperatur miteinander verbindet. Er ist ohne weiteres durch die am Ende des § 2 aufgestellten Formeln gegeben. Diese Formeln gelten für konstanten Druck, sind aber trotzdem auch hier anwendbar, da der Druck in der Bombe durch die Verbrennung der betreffenden elementaren Gasschichte nur einen so geringfügigen Zuwachs erfährt, daß man ihn während ihrer Verbrennung als unverändert ansehen kann.

Unter der gemachten Voraussetzung der Konstanz der spezifischen Wärmen gilt

$$c_p'' T'' - c_p' T' = K \tag{3}$$

wobei K eine Konstante bedeutet.

Vermöge der Umformung

$$c_p T = \frac{c_p}{c_p - c_v} R T = \frac{\varkappa}{\varkappa - 1} p v = \frac{\varkappa}{\varkappa - 1} p^{1 - \frac{1}{\varkappa}} F$$

läßt sich dieser Beziehung die Gestalt geben

$$\frac{\varkappa''}{\varkappa'' - 1} p_x^{1 - \frac{1}{\varkappa''}} F''(x) - \frac{\varkappa'}{\varkappa' - 1} p_x^{1 - \frac{1}{\varkappa'}} F' = K,$$

worin p_x den Druck bezeichnet, der den Temperaturen T' und T' entspricht, also den Druck, welcher in der Bombe herrscht, wenn gerade die elementare Gasschichte bei x verbrennt. Das gibt auch

$$F''(x) = \frac{\varkappa'' - 1}{\varkappa''} p_x^{\frac{1}{\varkappa''} - 1} \left(K + \frac{\varkappa'}{\varkappa' - 1} p_x^{1 - \frac{1}{\varkappa'}} F'\right) \ . \tag{4}$$

Hierdurch ist die adiabatische Funktion nach der Verbrennung für irgendeine elementare Schichte x zwar noch nicht als Funktion von x selbst gegeben, aber sie ist bereits als Funktion von p_x bestimmt, d. h. als Funktion des Druckes, welcher gerade in der Bombe vorhanden war, als diese Schichte verbrannte.

Es wird sich zunächst noch darum handeln, den Zusammenhang zwischen p_x und x zu finden. Gelingt dies, so ist damit, wie sich zeigen wird, unsere Aufgabe im wesentlichen gelöst.

Zu diesem Zwecke beziehen wir uns nun auf die durch Gleichung 1 ausgedrückte Hauptbedingung:

Die adiabatische Funktion gibt das spezifische Volumen aus der einfachen Formel $v = p^{-\frac{1}{\varkappa}} F$. Ist die Brennfläche bei der Schichte $x = \xi$ angelangt und ist der in diesem Augenblick herrschende Druck p_ξ, so sind alle Gasschichten $x < \xi$ verbrannt und ihr spezifisches Volumen hat den Wert

$$v'' = p_\xi^{-\frac{1}{\varkappa''}} F''(x)$$

Die Gasschichten $x > \xi$ sind noch unverbrannt und ihr spezifisches Volumen ist gegeben durch

$$v' = p_\xi^{-\frac{1}{\varkappa'}} F' .$$

Schreibt man die Hauptbedingungsgleichung in der Form

$$\int_0^1 v\,dx = \int_0^\xi v''\,dx + \int_\xi^1 v'\,dx = v_m$$

und verwendet die obigen Beziehungen, so erhält man, da p_ξ und F' von x unabhängig sind

$$p_\xi^{-\frac{1}{\varkappa''}} \int_0^\xi F''(x)\,dx + p_\xi^{-\frac{1}{\varkappa'}} F' \int_\xi^1 dx = v_m .$$

Diese Gleichung gilt für jeden bestimmten Zeitpunkt, also für jeden Wert von ξ zwischen 0 und 1, jedesmal mit dem zugehörigen Wert p_ξ des Druckes. Doch hat sie wegen des Auftretens der Integrale eine für die weitere Rechnung noch wenig geeignete Gestalt. Die Umformung

$$\int_0^\xi F''(x)\,dx = v_m p_\xi^{\frac{1}{\varkappa''}} - F' p_\xi^{\frac{1}{\varkappa''} - \frac{1}{\varkappa'}} (1 - \xi)$$

führt aber durch Differentiation nach ξ auf die von Integralen freie Beziehung

$$F''(\xi) = F' p_\xi^{\frac{1}{\varkappa''} - \frac{1}{\varkappa'}} + \left[\frac{1}{\varkappa''} v_m p_\xi^{\frac{1}{\varkappa''} - 1} - \left(\frac{1}{\varkappa''} - \frac{1}{\varkappa'}\right) F' p_\xi^{\frac{1}{\varkappa''} - \frac{1}{\varkappa'} - 1} (1 - \xi)\right] \frac{d p_\xi}{d \xi}.$$

Wir haben früher in der Betrachtung, welche auf Gleichung 4 führte, den im Augenblick der Verbrennung der elementaren Schicht x herrschenden Druck mit p_x bezeichnet, so daß also ohne weiteres statt p_ξ auch wieder p_x geschrieben werden kann. Weiter ist $F''(\xi) = F''(x)$, da der Wert, den F'' im Augenblick der Verbrennung erhält, sich weiterhin an der bestimmten Stelle x nicht ändert. Es ist somit auch:

$$F''(x) = F' p_x^{\frac{1}{\varkappa''} - \frac{1}{\varkappa'}} + \left[\frac{1}{\varkappa''} v_m p_x^{\frac{1}{\varkappa''} - 1} - \left(\frac{1}{\varkappa''} - \frac{1}{\varkappa'}\right) F' p_x^{\frac{1}{\varkappa''} - \frac{1}{\varkappa'} - 1} (1 - x)\right] \frac{d p_x}{d x}.$$

Führt man hier den oben (Gleichung 4) erhaltenen Wert von $F''(x)$ ein, so erhält man nach einfachen Umformungen:

$$(5)\quad (\varkappa'' - 1) K = - \frac{\varkappa'' - \varkappa'}{\varkappa' - 1} F' p_x^{1 - \frac{1}{\varkappa'}} + \left[v_m + \frac{\varkappa'' - \varkappa'}{\varkappa'} F' p_x^{-\frac{1}{\varkappa'}} (1 - x)\right] \frac{d p_x}{d x},$$

also eine Differentialgleichung, die x, p_x und $\frac{d p_x}{d x}$ enthält und deren Integration den gesuchten Zusammenhang zwischen p_x und x liefert.

Diese Integration kann zufälligerweise ohne alle Schwierigkeit ausgeführt werden. Auf der rechten Seite läßt sich nämlich das erste Glied mit dem dritten in ein einziges zusammenfassen. Man erhält die Gleichung

$$(\varkappa'' - 1) K = v_m \frac{d p_x}{d x} + \frac{\varkappa'' - \varkappa'}{\varkappa' - 1} F' \frac{d}{d x} \left[p_x^{1 - \frac{1}{\varkappa'}} (1 - x)\right],$$

die ohne weiteres integriert werden kann. Die Integrationskonstante ist hierbei durch die Bemerkung bestimmt, daß für $x = \xi = 1$, also am Ende der Verbrennung, wenn die Brennfläche die Wand der Bombe erreicht, der Druck p_x ein ganz bestimmter ist, den wir mit p_1 bezeichnen wollen. Dann liefert die Integration:

$$(\varkappa'' - 1) K(1 - x) = v_m (p_1 - p_x) - \frac{\varkappa'' - \varkappa'}{\varkappa' - 1} F' p_x^{1 - \frac{1}{\varkappa'}} (1 - x).$$

Der Enddruck p_1 ist uns nicht ohne weiteres bekannt. Hingegen ist der $x = \xi = 0$ zugehörige Anfangsdruck p_0 gegeben. Aus dieser zweiten Grenzbedingung ist p_1 mittels der eben gewonnenen Formel berechenbar. Es ist:

$$(6) \qquad p_1 = p_0 + \frac{1}{v_m}\left[\frac{\varkappa'' - \varkappa'}{\varkappa' - 1} F' p_0^{1 - \frac{1}{\varkappa'}} + (\varkappa'' - 1) K\right]$$

und nach Einsetzen dieses Ausdruckes in die vorhergehende Formel erhält man eine Gleichung, aus der man zu jedem Wert x den Druck p_x ermitteln kann, der im Augenblick der Verbrennung der durch x gekennzeichneten elementaren Schicht in der Bombe herrscht. Bequemer ist es, die Gleichung statt nach p_x umgekehrt nach x aufzulösen. Man findet:

$$(7) \qquad 1 - x = \frac{v_m (p_1 - p_x)}{\frac{\varkappa'' - \varkappa'}{\varkappa' - 1} F' p_x^{1 - \frac{1}{\varkappa'}} + (\varkappa'' - 1) K}.$$

Hierdurch ist der gesuchte Zusammenhang zwischen p_x und x festgelegt. Für jeden zwischen p_0 und p_1 gelegenen Druck p_x ist hieraus die Stelle x berechenbar, an der sich die Brennfläche befindet, wenn dieser Druck gerade erreicht ist. Es ist dann aber auch schon der Wert der adiabatischen Funktion F'' für diese Stelle gegeben, da er aus Gleichung 4 ohne weiteres durch Einsetzen des x zugeordneten Wertes p_x erhalten werden kann. Die Gleichungen 7 und 4 zusammen geben also $F''(x)$ in seiner Abhängigkeit von x in Form einer Parameterdarstellung, wobei die Größe p_x die Rolle des Parameters spielt.

Diese Einführung des Druckes als unabhängige Veränderliche, auf die wir durch unsere Rechnungen geführt werden, erscheint auch aus praktischen Gesichtspunkten gerechtfertigt; denn es ist der Druck, der in seinem zeitlichen Verlauf am ehesten durch Beobachtungen ermittelt werden kann. Zudem ist er die einzige Zustandsgröße, die jeweils im ganzen Raum der Bombe einen bestimmten Wert hat. Statt des Druckes selbst kann man auch in gleicher Weise das sogenannte Drucksteigerungsverhältnis $\pi_x = \frac{p_x}{p_0}$ verwenden; denn es wird hierdurch ja nur der Maßstab verändert. Steigt der Druck im ganzen von p_0 auf p_1, so steigt π vom Anfangswert 1 auf einen Endwert $\pi_1 = \frac{p_1}{p_0}$.

Bei Einführung dieser neuen Veränderlichen in die oben abgeleiteten Formeln wollen wir F' durch seinen nach Gleichung 2 gegebenen Wert ersetzen und für die immer wiederkehrende Konstante $\frac{K}{p_0 v_m}$ den Buchstaben C schreiben. Bedeutet dann T_0' die anfangs in der ganzen Ladung überall gleiche Ausgangstemperatur, so ist

$$C = \frac{K}{p_0 v_m} = \frac{K}{R' T_0'} \,. \tag{8}$$

Man erhält aus Gleichung 6:

$$\pi_1 = \frac{\varkappa'' - 1}{\varkappa' - 1} + (\varkappa'' - 1)\, C \,, \tag{6'}$$

aus Gleichung 7:

$$1 - x = \frac{\pi_1 - \pi_x}{\frac{\varkappa'' - \varkappa'}{\varkappa' - 1}\, \pi_x^{1 - \frac{1}{\varkappa'}} + (\varkappa'' - 1)\, C} \tag{7'}$$

und aus Gleichung 4:

$$F''(x) = \frac{\varkappa'' - 1}{\varkappa''}\, p_0^{\frac{1}{\varkappa''}}\, v_m\, \pi_x^{\frac{1}{\varkappa''} - 1} \left(C + \frac{\varkappa'}{\varkappa' - 1}\, \pi_x^{1 - \frac{1}{\varkappa'}} \right) . \tag{4'}$$

Die in den vorhergehenden Abschnitten entwickelten Formeln 6 und 7, bzw. 6′ und 7′ lassen zu jedem in der Bombe auftretenden Druck die Lage x der Gasschichte berechnen, welche gerade beim Vorhandensein dieses Druckes verbrennt. Die Brennfläche ist in diesem Augenblick die Kugel, welche den Bruchteil x der Gesamtladung einschließt. Infolgedessen ist jede der elementaren Gasschichten ebensogut einem bestimmten Druck zugeordnet wie einem bestimmten x, und wir können p_x bzw. π_x ebenso wie x dazu verwenden, um eine bestimmte Gasschichte zu bezeichnen. So wie bisher durch x eine bestimmte elementare Gasschicht gekennzeichnet wurde, hingegen mit ξ die mit der Zeit jeweils andere Brennfläche, so kommt dann auch p_x bzw. π_x die Rolle von örtlichen Koordinaten zu, während die Größen p_ξ und π_ξ Funktionen der Zeit bedeuten.

Dies vorausgeschickt, lassen sich nun auch alle anderen eingangs gestellten Fragen beantworten.

Zunächst folgt für das spezifische Volumen sämtlicher noch unverbrannter Gasschichten für irgendeinen Zeitpunkt nach Gleichung 2:

$$v'(\xi) = p_\xi^{-\frac{1}{\varkappa'}}\, F' = v_m\, \pi_\xi^{-\frac{1}{\varkappa'}} \,. \tag{9}$$

In einem bestimmten Augenblick hat also, wie bereits früher erwähnt wurde, die ganze noch unverbrannte Ladung in allen Schichten ein und dasselbe spezifische Volumen; darum ist oben v' durch Beisetzen eines in Klammer geschriebenen ξ als reine Zeitfunktion gekennzeichnet. Die zugehörige Lage der Brennfläche, also das ξ selbst, ist durch Gleichung 7′ gegeben, indem man dort überall x durch ξ ersetzt.

Ebenso erfolgt die Berechnung der Temperatur in der noch unverbrannten Ladung, die gleichfalls in einem bestimmten Zeitpunkt für alle Schichten ein und dieselbe, also nur Funktion von ξ ist. Man erhält

$$T'(\xi) = \frac{F'}{R'} p_\xi^{\,1-\frac{1}{\varkappa'}} = T_0' \pi_\xi^{\,1-\frac{1}{\varkappa'}} \tag{10}$$

in unmittelbar aus der Adiabatengleichung folgender Abhängigkeit von der Anfangstemperatur T_0'.

Auf ganz die gleiche Weise erfolgt die Berechnung dieser beiden Größen für den bereits verbrannten Teil der Ladung unter Zuhilfenahme der Beziehung 4 bzw. 4′. Es ergibt sich

$$v''(x, \xi) = p_\xi^{\,-\frac{1}{\varkappa''}} F''(x),$$

und zwar ist v'', wie angedeutet, hier nicht nur eine Funktion der Zeit, sondern für einen bestimmten Zeitpunkt von Schichte zu Schichte verschieden, da ja F'' eine Funktion von x ist. Ersetzt man $F''(x$ aus 4′, so wird

$$v''(x, \xi) = \frac{\varkappa''-1}{\varkappa''} v_m \pi_\xi^{\,-\frac{1}{\varkappa''}} \pi_x^{\,\frac{1}{\varkappa''}-1} \left(C + \frac{\varkappa'}{\varkappa'-1} \pi_x^{\,1-\frac{1}{\varkappa'}}\right). \tag{11}$$

Hierdurch ist v'' in seiner Abhängigkeit von π_x und π_ξ direkt bestimmt. Die angedeutete doppelte Abhängigkeit von x und ξ ist dann wieder durch die sowohl für x wie für ξ zu verwendende Gleichung 7′ in Parameterdarstellung gegeben.

Die Berechnung der Temperatur im verbrannten Gas folgt aus der Beziehung

$$T''(x, \xi) = \frac{F''(x)}{R''} p_\xi^{\,1-\frac{1}{\varkappa''}}$$

und führt auf die Formel

$$T''(x, \xi) = \frac{\varkappa''-1}{\varkappa''} \frac{R'}{R''} T_0' \left(\frac{\pi_\xi}{\pi_x}\right)^{1-\frac{1}{\varkappa''}} \left(C + \frac{\varkappa'}{\varkappa'-1} \pi_x^{\,1-\frac{1}{\varkappa'}}\right). \tag{12}$$

Auch die Temperatur ist außer von ξ noch von x abhängig. Zu jedem bestimmten Zeitpunkt besteht also im verbrannten Teil der Ladung ein Temperaturgefälle.

Ist $\xi = 1$, so ist die ganze Ladung verbrannt. Die Temperaturverteilung am Ende der Verbrennung ergibt sich daher für die ganze Bombe zu:

$$(13) \qquad T''(x, 1) = \frac{\varkappa'' - 1}{\varkappa''} \frac{R'}{R''} T_0' \left(\frac{\pi_1}{\pi_x}\right)^{1 - \frac{1}{\varkappa''}} \left(C + \frac{\varkappa'}{\varkappa' - 1} \pi_x^{\,1 - \frac{1}{\varkappa'}}\right).$$

Vordem ist aber die Temperaturverteilung durch zwei Formeln gegeben. Für $x > \xi$ gilt Formel 10, für $x < \xi$ Formel 12. Ebenso ist das spezifische Volumen im ersten Bereich nach Formel 9 zu rechnen, im zweiten nach Formel 11.

Weiter wollen wir das von der Gasschichte x zu einer bestimmten Zeit ξ eingeschlossene Volumen berechnen, woraus wir auch mit $x = \xi$ die wirkliche Lage der Brennfläche, also ihren Radius, erhalten können.

Da das spezifische Volumen der äußeren, noch unverbrannten Gasschichten von x nicht abhängt, berechnet man zunächst das Volumen U des zwischen einer Schichte $x \geqq \xi$ und der Wand befindlichen unverbrannten Gases in sehr einfacher Weise. Man findet

$$U(x, \xi) = \bar{m} \int_x^1 v'(\xi)\, dx = \bar{m}\, v'(\xi)(1 - x)$$

oder nach Einsetzen des Ausdruckes 9:

$$U(x, \xi) = \bar{V} \pi_\xi^{-\frac{1}{\varkappa'}} \frac{\pi_1 - \pi_x}{\frac{\varkappa'' - \varkappa'}{\varkappa' - 1} \pi_x^{1 - \frac{1}{\varkappa'}} + (\varkappa'' - 1)\, C}$$

Das von der Schichte x eingeschlossene Volumen V vermehrt um U gibt aber offenbar das Gesamtvolumen der Bombe $\bar{V}$. Man erhält somit, natürlich auch nur für $x \geqq \xi$,

$$(14) \qquad V(x, \xi) = \bar{V} \left[1 - \pi_\xi^{-\frac{1}{\varkappa'}} \frac{\pi_1 - \pi_x}{\frac{\varkappa'' - \varkappa'}{\varkappa' - 1} \pi_x^{1 - \frac{1}{\varkappa'}} + (\varkappa'' - 1)\, C}\right].$$

Der Grenzfall $x = \xi$ liefert das Volumen V_ξ der von der Brennfläche eingeschlossenen Kugel, oder kürzer gesagt, das Volumen des verbrannten Gases und damit den jeweiligen Radius der Brennfläche. Es ist:

$$(15) \qquad V_\xi = \bar{V} \left[1 - \pi_\xi^{-\frac{1}{\varkappa'}} \frac{\pi_1 - \pi_\xi}{\frac{\varkappa'' - \varkappa'}{\varkappa' - 1} \pi_\xi^{1 - \frac{1}{\varkappa'}} + (\varkappa'' - 1)\, C}\right].$$

Schließlich werde wegen der Erörterungen im § 14 auch noch das von der Schichte $x < \xi$ eingeschlossene Volumen berechnet.

Das Volumen V_x, das eine Gasmenge x im Augenblick ihrer vollständigen Verbrennung besaß, ist nach 15 durch

$$V_x = \bar{V}\left[1 - \pi_x^{-\frac{1}{\varkappa'}} \frac{\pi_1 - \pi_x}{\frac{\varkappa'' - \varkappa'}{\varkappa' - 1}\pi_x^{1-\frac{1}{\varkappa'}} + (\varkappa'' - 1)\,C}\right]$$

gegeben.

Für alle in diesem Volumen enthaltenen elementaren Schichten gilt weiterhin die Formel 11. Betrachtet man die gleichen Gasschichten zu verschiedenen Zeitpunkten, so ändert sich, wie diese Formel zeigt, das spezifische Volumen einfach im Verhältnis $\pi_\xi^{-\frac{1}{\varkappa''}}$ und es ist daher das Volumen der Gasmenge $x < \xi$ für irgendeinen späteren Zeitpunkt aus der Beziehung erhältlich

$$V(x, \xi) = \left(\frac{\pi_x}{\pi_\xi}\right)^{\frac{1}{\varkappa''}} V_x$$

oder

$$V(x, \xi) = \bar{V}\left(\frac{\pi_x}{\pi_\xi}\right)^{\frac{1}{\varkappa''}}\left[1 - \pi_x^{-\frac{1}{\varkappa'}} \frac{\pi_1 - \pi_x}{\frac{\varkappa'' - \varkappa'}{\varkappa' - 1}\pi_x^{1-\frac{1}{\varkappa'}} + (\varkappa'' - 1)\,C}\right] \tag{16}$$

Zur Bestimmung des Volumens einer Gasmenge x dienen also gleichfalls zwei Formeln. Für $x > \xi$ die Formel 14, für $x < \xi$ die Formel 16. Für $x = \xi$ geben beide denselben durch Formel 15 dargestellten Grenzfall. Die zugehörigen Radien lassen sich ohne weiteres berechnen.

§ 13. Die Versuche von Hopkinson.

Daß in der Tat in einem in geschlossenem Gefäß verbrennenden Gasgemisch sehr beträchtliche Temperaturunterschiede auftreten, hat Hopkinson[1]) durch Versuche nachgewiesen.

In der Mitte einer geschlossenen Bombe, die die Form eines weiten Zylinders mit angesetzten Halbkugeln hatte, wurde die Zündung in der Mitte durch einen Funken bewirkt und durch Registrierung der Temperatur auf bewegtem Film mittels an verschiedenen Stellen im Innern der Bombe angebrachter Widerstandsthermometer aus feinem Platindraht der zeitliche und örtliche Verlauf der durch die Explosion bewirkten Temperaturerhöhung verfolgt.

---

[1] Proc. R. S. London (A), 77, 387 (1906).

Untersucht wurden Gemische von neun Teilen Luft, sowie von zwölf Teilen Luft mit je einem Teil Leuchtgas. Es zeigte sich ein großer Unterschied im Verhalten des explosiven ersten und des nur schwach explosiven, gerade noch zündbaren zweiten Gemisches. Im ersten Fall stieg die Temperatur nahe der Mitte des Gefäßes in weniger als $^2/_{100}$ Sek. zunächst auf die offener Verbrennung entsprechende Temperatur von etwa 1225° C, erhöhte sich dann aber während des Fortschreitens der Verbrennung gegen die Wand noch weiter bis zu etwa 1900° C. Diese Erscheinung trat in der Nähe der Wände nicht ein, wo die unmittelbar nach Erreichung des Druckmaximums, also bei beendeter Verbrennung beobachtete Höchsttemperatur 1300° C nicht überstieg. Strömungen machten sich bis dahin nicht bemerkbar, dagegen setzte ihre Wirkung nach vollendeter Verbrennung rasch ein, so daß schon $^1/_2$ Sek. später die Temperatur überall nahe die gleiche war.

Im Gegensatz hierzu machte sich bei dem ganz schwach explosiven Gemisch der Einfluß von Strömungen gleich beim Beginn der Verbrennung geltend. Die in der Mitte aufsteigenden verbrannten Gase trugen die Brennfläche mit wachsender Geschwindigkeit nach oben und verzögerten scheinbar ihr Fortschreiten im nachdringenden, unverbrannten Gasgemisch; der Verlauf der Erscheinung wurde unregelmäßig und von den Zufälligkeiten abhängig, denen die Ausbildung der Strömungen unterlag.

Durch diese Versuche erscheint erwiesen, daß von den schwächsten Mischungen abgesehen, die Voraussetzungen unserer Theorie zu Recht bestehen und daß im Augenblick der beendeten Verbrennung in der Gasmasse Temperaturunterschiede von 600° C und darüber tatsächlich bestehen.

Wir wollen im folgenden zeigen, daß die Formel 13 des vorhergehenden Paragraphen Temperaturunterschiede von der gleichen Größe berechnen läßt.

Weit besser noch als in den Versuchen von Hopkinson sind die unserer Theorie zugrundegelegten Voraussetzungen in den Versuchen von Pier und Bjerrum verwirklicht, von denen schon im § 3 die Rede war. Um nämlich die Wärmeverluste an die Wand möglichst klein zu machen, werden bei diesen Bestimmungen der spezifischen Wärme der Gase nach dem Explosionsverfahren, dem Vorgehen von Langen folgend, große Hohlkugeln als Explosionsgefäße verwendet und die Zündung genau im Mittelpunkt eingeleitet. Außer der Anfangstemperatur T'_0 wird aber in diesen Versuchen nur die Mitteltemperatur der ganzen Gasmasse am Ende der Verbrennung $\bar{T}''(x, 1)$ aus dem Höchstwert π_1 des Drucksteigerungsverhältnisses bestimmt, was zur Ermittlung der spezifischen Wärmen genügt. Es soll daher nur unter Annahme bestimmter Verhältnisse, wie sie bei einem sonst willkürlich ausgewählten Versuche von Pier vorlagen, die Berechnung erläutert und, wie schon gesagt, gezeigt werden, daß die für das Ende der Verbrennung berechnete Temperaturverteilung mit den Beobachtungen Hopkinsons im Einklang steht.

Ein Gemenge von 3,683 Mol H_2, 0,5 Mol O_2 und 0,086 Mol Wasserdampf wurde bei einer Temperatur von 16,98° C ($\bar{T}'_0 =$ 289,98) zu einem Gemenge von 2,683 Mol H_2 und 1,086 Mol Wasserdampf verbrannt (l. c. Versuch Nr. 168), wobei das beobachtete maximale Druckverhältnis 7,6815 betrug, entsprechend einer mittleren Endtemperatur $\bar{T}'' = 2523° = 2250°$ C. Der Anfangsdruck p_0 war nahe gleich einer Atmosphäre. Bei der Durchführung der Rechnung müssen wir aber berücksichtigen, daß im vorigen Paragraphen bei der Integration in jedem der beiden Temperaturintervalle, die einerseits das unverbrannte Gasgemisch, anderseits das Verbrennungsprodukt im ganzen durchläuft, die spezifische Wärme als konstant betrachtet wurde. Tatsächlich ändert sie sich mit der Temperatur, was durch Einführung von Mittelwerten genügend berücksichtigt werden kann, deren Wahl aber einer gewissen Willkür unterliegt.

Der untere, sich auf das noch unverbrannte Gemisch beziehende Temperaturbereich erstreckt sich vom anfänglichen Wert T'_0 bis zur Temperatur, welche das Gemisch bei adiabatischer Kompression bis zum Maximaldruck in der letzten der Wand anliegenden Schichte erreicht (T'_{max}). Diese obere Grenze des Bereiches wurde mit dem bei Anfangstemperatur gültigen Wert von $\varkappa'$ berechnet (251° C) und dann sämtliche auf das unverbrannte Gemisch sich beziehende, von der Temperatur abhängige Größen (c'_v, c'_p, $\varkappa'$) auf den Mittelwert $\frac{1}{2}(T'_{max} + T'_0) = 407° = 134°$ C bezogen.[1] Die hierin gelegene Willkür ist mit Rücksicht auf den kleinen Temperaturkoeffizienten der spezifischen Wärmen der zweiatomigen Gase und auf das verhältnismäßig kleine Temperaturintervall ohne Bedeutung. Unter Zugrundelegung

[1] Der Wert des Quotienten $\varkappa$ berechnet sich aus den Werten $\varkappa_h$ der Einzelgase und deren Molzahlen m_h nach der Formel $\varkappa = 1 + \frac{\Sigma m_h}{\Sigma \frac{m_h}{\varkappa_h - 1}}$. Es ist nämlich die Molekularwärme bei konstantem Volumen für das Gemisch $\gamma_v = \frac{\Sigma m_h \gamma_{v,h}}{\Sigma m_h}$ und da $\gamma_v = \frac{\mathfrak{R}}{\varkappa - 1}$ und $\gamma_{v,h} = \frac{\mathfrak{R}}{\varkappa_h - 1}$ ist, auch $\frac{\Sigma m_h}{\varkappa - 1} = \sum \frac{m_h}{\varkappa_h - 1}$.

der von Pier aufgestellten Formeln (vgl. § 3) ergibt sich für 134° C, auf das Gramm als Masseneinheit bezogen:

$$c'_v = 0{,}8348\,,\ c'_p = 1{,}1749 \text{ und } \varkappa' = 1{,}4074\,.$$

Das obere, sich auf das verbrannte Gemisch beziehende Temperaturintervall ist weit größer. Es erstreckt sich von der Temperatur bei offener Verbrennung T''_0, wie sie anfangs im Mittelpunkt im Augenblick der Zündung herrschen muß, bis zur Endtemperatur nach ganz vollzogener Verbrennung, deren Mittelwert durch $\bar{T}''$ gegeben ist. Die Temperatur bei offener Verbrennung ist mittels der Pier'schen Formeln nach den Ausführungen in § 2 u. 3 leicht berechenbar. Man erhält $T''_0 = 2127^0 = 1854^0$ C. Dann haben wir die zweimal gestrichenen Größen auf eine zwischen diesem Wert und $\bar{T}'' = 2523^0 = 2250^0$ C gelegene Temperatur zu beziehen, als die wir wieder entweder $\frac{1}{2}(\bar{T}'' + T''_0)$ oder besser noch die davon nur sehr wenig abweichende Temperatur wählen können, die so bestimmt ist, daß x für $\pi = \frac{p}{p_0} = 1$ ganz genau den Wert Null erhält.

Zunächst bestimmt sich das dieser Temperatur zugehörige $\varkappa''$ nach der Formel 6', die sich auch leicht in

$$\varkappa'' = \frac{\pi_1 - 1}{\frac{R'' T''_0}{R' T'_0} - 1}$$

verwandeln läßt, zu 1,2202. Die Pierschen Formeln ergeben für das vorliegende Verbrennungsprodukt diesen Wert für $\varkappa$ bei einer Temperatur von $2331^0 = 2058^0$ C. Das ist dann der gesuchte, im oberen Temperaturbereich einzuführende Mittelwert. Man erhält für diese Temperatur:

$$c''_v = 1{,}3637,\ c''_p = 1{,}6640\,.$$

Endlich wird $K = c''_p T''_0 - c'_p T'_0 = 3198{,}6$.

Durch Einsetzen dieser Werte in die Formeln 8, 7' und 4' ergeben sich zunächst die willkürlich gewählten Druckverhältnissen π_x zugehörigen Werte von x und $F''(x)$ und aus Formel 13 die den berechneten x am Ende der Verbrennung zugehörigen Temperaturen T''. Es sind dies also die Temperaturen, die im Augenblick der beendeten Verbrennung auf der Oberfläche der Kugeln herrschen, welche den Bruchteil x der gesamten Gasmasse einschließen. Das Volumen dieser Kugeln V, ausgedrückt in Bruchteilen des Gesamtvolumens $\bar{V}$, also auch ihren Halbmesser r, ausgedrückt in Bruchteilen des Halbmessers der Bombe $\bar{r}$, erhält man aus Formel 16 mit $\xi = 1$.

π_x	x	$\frac{V}{\bar{V}}$	$\frac{r}{\bar{r}}$	T''	ϑ''
1	0,0000	0,0000	0,0000	3074	2801
1,5	0669	0788	4287	2890	2617
2	1365	1568	5392	2771	2498
3	2808	3102	6769	2611	2338
4	4296	4610	7725	2507	2234
5	5816	6096	8479	2430	2157
6	7360	7563	9111	2370	2097
7	8924	9017	9661	2320	2047
7,6815	1,0000	1,0000	1,0000	2292	2019

Es besteht also in der Richtung von innen nach außen ein beträchtliches Temperaturgefälle. Die Mitte der verbrannten Gasmasse ist um rund 800° heißer als die zuletzt verbrannten, der Wand anliegenden Schichten.

§ 14. Druckentwicklung und Geschwindigkeit der Verbrennung.

Es ist zurzeit noch nicht genügend untersucht, wie sich die Verbrennungsgeschwindigkeit eines explosiven Gasgemisches mit dem Druck und der Anfangstemperatur verändert, obwohl die Kenntnis dieser Abhängigkeit für die Theorie des Explosionsmotors von Bedeutung wäre. Es erscheint deshalb nicht überflüssig darauf hinzuweisen, daß eine genaue Kenntnis des zeitlichen Verlaufs der Druckentwicklung innerhalb des bisher betrachteten kugelförmigen Gefäßes es ermöglichen würde, auch die Geschwindigkeit der Verbrennung für jede Stelle zu berechnen und so deren Zusammenhang mit Druck und Anfangstemperatur zu studieren. Darauf hat schon Nägel[1] hingewiesen.

Wir nehmen also an, daß die Abhängigkeit des Druckverhältnisses π_ξ von der Zeit, und somit auch $\frac{d\pi_\xi}{dt}$ gegeben ist.

Nach der von uns der Größe ξ beigelegten Bedeutung stellt der Ausdruck

$$\bar{m}\,\frac{d\xi}{dt}$$

nichts anderes vor als die an der ganzen Brennfläche sekundlich verbrennende Gasmasse. Mittels Division durch die Oberfläche O der Brennfläche, welche aus dem Volumen V_ξ der von ihr eingeschlossenen Kugel ohne weiteres nach Formel 15 berechnet

[1] Mitteil. über Forschungsarb., Berlin, 1907.

werden kann, erhält man die auf der Flächeneinheit in der Zeiteinheit verbrannte Gasmasse, also die Massenverbrennungsgeschwindigkeit

$$\gamma = \frac{\overline{m}}{O} \frac{d\xi}{dt}.$$

Die Abhängigkeit der Größe ξ vom herrschenden Druck π_ξ ist nach Formel 7′ durch die Gleichung

$$1 - \xi = \frac{\pi_1 - \pi_\xi}{\frac{\varkappa'' - \varkappa'}{\varkappa' - 1} \pi_\xi^{1 - \frac{1}{\varkappa'}} + (\varkappa'' - 1) C}$$

ausgedrückt, woraus man durch logarithmische Differentiation die Gleichung gewinnt:

$$\frac{1}{1-\xi} \frac{d\xi}{d\pi_\xi} = \frac{1}{\pi_1 - \pi_\xi} + \frac{\varkappa'' - \varkappa'}{\varkappa'} \pi_\xi^{-\frac{1}{\varkappa'}} \frac{1-\xi}{\pi_1 - \pi_\xi}.$$

Schreibt man also

(17) $$\gamma = \frac{\overline{m}}{O} \frac{d\xi}{d\pi_\xi} \frac{d\pi_\xi}{dt},$$

so erkennt man, daß die Berechnung der Massenverbrennungsgeschwindigkeit aus einem Zeit-Druck-Diagramm ohne weiteres erfolgen kann. Die zugehörige Temperatur, bei der die Verbrennung vor sich geht, ist aus Formel 10 zu bestimmen.

Weit verwickelter ist die Berechnung der räumlichen Ausbreitung der Verbrennung, da sie durch die Bewegungen beeinflußt wird, welche die elementaren Gasschichten ausführen.

Man findet zunächst durch Differentiation der Gleichungen 14 und 16 für $x > \xi$:

$$\frac{dV(x,\xi)}{d\pi_\xi} = \frac{1}{\varkappa'} \overline{V} \pi_\xi^{-1-\frac{1}{\varkappa'}} (1 - x),$$

und für $x < \xi$:

$$\frac{dV(x,\xi)}{d\pi_\xi} = -\frac{1}{\varkappa''} \overline{V} \frac{\pi_x^{\frac{1}{\varkappa''}}}{\pi_\xi^{1+\frac{1}{\varkappa''}}} \left[1 - \pi_x^{-\frac{1}{\varkappa'}}(1 - x)\right].$$

Nach Multiplikation mit dem Faktor $A = \frac{1}{O} \frac{d\pi_\xi}{dt}$ geben diese Ausdrücke nichts anderes als die Geschwindigkeit der elementaren Gasschichte x. Für $x = \xi$ erhält man die Geschwindigkeit der an der Brennfläche anliegenden Schichten. Die erste Formel liefert für die Geschwindigkeit der Schichte, welche eben von der Verbrennung ergriffen wird, den Ausdruck

$$u' = \frac{A}{\varkappa'} \overline{V} \pi_\xi^{-1-\frac{1}{\varkappa'}} (1 - \xi),$$

die zweite für die Geschwindigkeit der Schichte, die eben verbrannt wurde, den Ausdruck

$$u'' = -\frac{A}{\varkappa''}\bar{V}\pi_\xi^{-1}\left[1 - \pi_\xi^{-\frac{1}{\varkappa'}}(1-\xi)\right].$$

Ebenso wie bei der offenen Verbrennung unter konstantem Druck erfährt also auch hier die Geschwindigkeit der radialen Gasströmung in den beiden der Brennfläche anliegenden Schichten eine sprungweise Änderung. Wie aus den obigen Formeln leicht folgt, besteht zwischen diesen beiden Geschwindigkeiten unmittelbar vor und hinter der Brennfläche die einfache Beziehung:

$$\varkappa' u' - \varkappa'' u'' = \frac{A\bar{V}}{\pi_\xi}.$$

Die Brennfläche selbst bewegt sich mit der Geschwindigkeit

$$u_\xi = A\frac{dV_\xi}{d\pi_\xi} \tag{18}$$

im Raume fort, wobei nach Formel 15

$$\frac{dV_\xi}{d\pi_\xi} = \frac{1}{\varkappa'}\bar{V}\pi_\xi^{-1-\frac{1}{\varkappa'}}(1-\xi) + \bar{V}\pi_\xi^{-\frac{1}{\varkappa'}}\frac{d\xi}{d\pi_\xi}$$

zu setzen ist.

Dies vorausgeschickt, ist es jetzt auch leicht möglich, die Ausbreitungsgeschwindigkeit der Verbrennung in bezug auf das unverbrannte Gas aus unseren Formeln zu berechnen, also diejenige Größe, welche wir immer mit c' bezeichnet und schlechthin die Verbrennungsgeschwindigkeit genannt haben. Sie ist offenbar die Differenz aus der Geschwindigkeit der Brennfläche u_ξ und der Geschwindigkeit u' der eben von der Verbrennung ergriffenen Gasschichte, also $c' = u_\xi - u'$, was nach Einsetzen der oben gefundenen Ausdrücke

$$c' = A\bar{V}\pi_\xi^{-\frac{1}{\varkappa'}}\frac{d\xi}{d\pi_\xi}$$

liefert.

Beachtet man die Beziehung $\bar{V} = \bar{m}v_m$ und berücksichtigt Formel 9, so erhält man

$$c' = A\bar{m}\frac{d\xi}{d\pi_\xi}v'(\xi) = \gamma v'(\xi). \tag{19}$$

Man hätte diese Gleichung auch sofort anschreiben können, da ja nach ihrer Definition die Verbrennungsgeschwindigkeit c' als das Produkt aus der im cm² der Brennfläche verbrannten Masse und dem spezifischen Volumen des unverbrannten Gasgemisches bestimmt ist, und zwar gemessen bei der Ausgangstemperatur $T'(\xi)$

und dem Druck, wie sie der Verbrennung an der betreffenden Stelle entsprechen. Da $v'(\xi)$ nach den entwickelten Formeln als Funktion von π_ξ bekannt ist, läßt sich also die Abhängigkeit der Verbrennungsgeschwindigkeit c' von Druck und Temperatur nach Formel 19 ebenso einfach untersuchen, wie die der Massenverbrennungsgeschwindigkeit γ nach Formel 17, vorausgesetzt, daß die hierzu nötigen experimentellen Grundlagen gegeben sind, daß man also über genügend genaue Zeit-Druck-Diagramme für die Verbrennung eines explosiven Gasgemisches in einer Hohlkugel bei Zündung im Mittelpunkt verfügt. Das ist derzeit noch nicht der Fall. Zwar wurden bei den im vorhergehenden Paragraphen erwähnten Versuchen Piers zur genauen Messung des dort allein zu ermittelnden Enddruckes vollständige Zeit-Druck-Kurven aufgenommen, die auch bereits von den störenden Schwingungen frei sind, wie sie die Kurven von Langen aufweisen. Doch ist der Zeitmaßstab ein viel zu kleiner, um für den hier in Betracht kommenden Zeitbereich, der sich von der Zündung bis zur Erreichung des Höchstdruckes erstreckt, eine Analyse dieser Kurven zu gestatten, selbst wenn sie genauer mitgeteilt worden wären, als es der Fall ist. Anderseits zeigen aber diese Versuche, ebenso wie die später beschriebenen Messungen von Petavel an festen Explosivstoffen, daß die an sich gewiß sehr großen Schwierigkeiten der genauen Beobachtung großer Druckanstiege innerhalb so kurzer Zeiträume keineswegs unüberwindlich sind. Die vorstehenden Darlegungen bieten die Theorie für diese allerdings erst auszuführenden Beobachtungen. Außerdem ist auf die Bedeutung hinzuweisen, welche sie für das Studium der Druckentwicklung im Arbeitszylinder des Explosionsmotors haben können. Sind unsere Rechnungen zunächst auch nur für eine im Mittelpunkt gezündete Kugel oder für einen an der Spitze gezündeten Kegel anwendbar, so zeigen sie doch den Weg zur Behandlung praktisch verwirklichter Fälle.

Zweiter Abschnitt.

Die Verbrennungserscheinungen an festen Stoffen.

§ 15. Verbrennung und Entzündung fester Brennstoffe; Flächen- und Randgeschwindigkeit der Entzündung.

Die modernen kolloiden Schießpulver, welche vor der Trocknung knetbar sind und sich daher in alle möglichen Formen bringen lassen, können auch ohne den Sauerstoff der Luft vollständig, also aschenfrei vergasen. Beides macht sie zum Studium der Verbrennungserscheinungen besonders geeignet. Brennstoffe wie Zelluloid oder gar Holz sind hingegen im allgemeinen ungeeignet, da sie feste Verbrennungsprodukte zurücklassen, welche den hier nötigen Luftsauerstoff am Zuströmen, die gasförmigen Verbrennungsprodukte am Abströmen hindern und die Ausbildung regelmäßiger Brennflächen stören. Immerhin lassen auch sie sich für das Studium der Geometrie der Brennflächen fester Stoffe benützen, wenn man sie in der Form dünner Blätter, Zelluloid als Film, Holz als Papier verwendet, wo die Aschenreste zerstäuben, oder völlig verbrennen. Hiervon soll weiter unten die Rede sein.

Ein Schießpulver, das aus Nitroglyzerin, Nitrozellulose und etwas Vaseline besteht[1]), liefert bei der Verbrennung Wasserstoff, Stickstoff, Kohlenoxyd, Kohlensäure, Wasserdampf und geringe Mengen von Methan. Das Verbrennungsprodukt ist also wegen seines Gehaltes an Wasserstoff und Kohlenoxyd in Luft noch weiter brennbar und die Verbrennung erfolgt darum in einem Gas wie Stickstoff oder Kohlensäure in wesentlich anderer Form, wie in Luft. Das zeigt der folgende Versuch:

Man füllt ein weites Glasgefäß, dessen Boden mit Wasser bedeckt ist, mit Kohlensäure und sorgt durch gelindes Nachströmenlassen aus einem mit den Öffnungen nach unten gekehrten, knapp über der Wasserfläche angebrachten Ringbrenner, daß es ständig mit Kohlen-

[1] Es sind dies die wesentlichen Bestandteile fast aller Kriegspulver.

säure gefüllt bleibt. Ein Pulverstäbchen wird am unteren Ende mittels einer in das Glasgefäß hinabreichenden Zange gefaßt, so daß ein Öffnen der Zange es in das Wasser fallen und erlöschen läßt. Gezündet wird das oben etwas zugespitzte Stäbchen mittels eines galvanisch glühenden Drahtes. Man bemerkt dann, daß die ent-

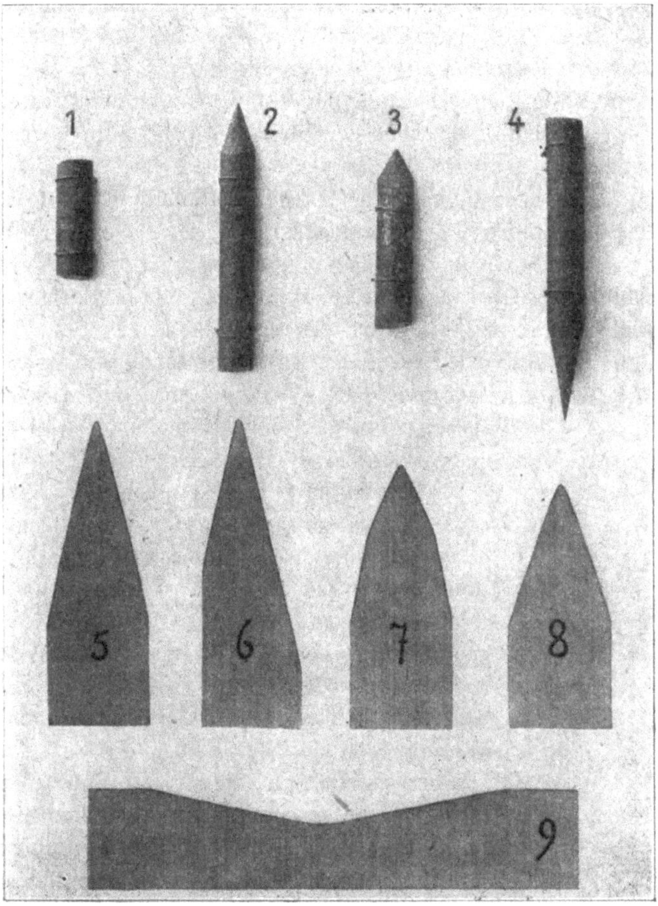

Fig. 27.

wickelten Gase fast ohne zu leuchten vom Stäbchen innerhalb eines Zylinders senkrecht in die Höhe strömen und nur durch die glühenden Pulverteilchen sichtbar werden, die sie mit sich reißen. Die Brennfläche erhält die Form einer zur Stabachse ungefähr senkrechten Ebene, welche mit einer das Pulver kennzeichnenden Geschwindigkeit, der Verbrennungsgeschwindigkeit, nach abwärts brennt. (Nr. 1 in

Fig. 27). Eine Ausbreitung der Verbrennung vom Rand der Brennfläche mit anderer als dieser Geschwindigkeit über die noch nicht entzündete Oberfläche des Stäbchens tritt hierbei nicht ein.

Eine ganz ähnliche Art der Verbrennung erhält man übrigens auch in Luft, wenn man das Pulver vorher möglichst stark mit Wasser benetzt. Der den brennbaren Pulvergasen zugemischte Wasserdampf, vielleicht auch der Wärmeentzug durch die Wassergasreaktion verhindert deren Entzündung am Sauerstoff der Luft. Auch dann erfolgt die Verbrennung ohne Ausbildung einer leuchtenden Flamme, bis die Zündung zufällig von oben her durch wegsprühende Pulverteilchen veranlaßt wird und nun das Pulver leuchtend verbrennt[1].

Hat sich aber einmal eine solche leuchtende Flamme gebildet, wie dies normalerweise in Luft stets eintritt, so erfolgt die Fortleitung der Flamme in zweifacher, ganz verschiedener Weise: teils als Verbrennung, senkrecht zur Brennfläche in das Innere des Pulvers, teils als Entzündung vom Rand der Brennfläche aus über die Oberfläche des Pulvers. Die Brennfläche entsteht jetzt durch Übereinanderlagerung dieser Verbrennungs- und Entzündungsgeschwindigkeit und hat je nach der Gestalt des Pulverkörpers die verschiedensten Formen.

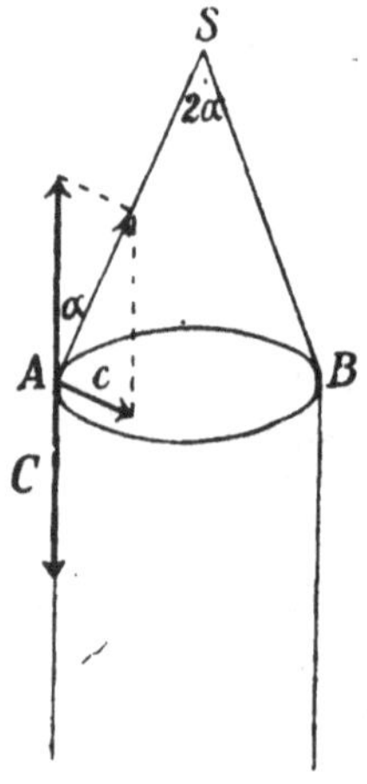

Fig. 28.

Betrachten wir als einfachen Fall zunächst einen kreisrunden Stab, den wir in senkrechter Lage am oberen Ende entzünden. Es bildet sich dann kurze Zeit nach der Zündung eine Spitze, also ein Kegel, der mit einem bestimmten Öffnungswinkel und bestimmter Geschwindigkeit herabbrennt (Nr. 2 in Fig. 27). Die Erhaltung dieser kegelförmigen Brennfläche, die weder die Rundung an der Spitze noch die Verbiegung am Rand aufweist, wie wir sie am Bunsenkegel beschrieben haben, erklärt sich in einfachster Weise aus der Superposition des Verbrennungs- und Entzündungsvorganges. Von A aus schreitet die Verbrennung normal mit der Geschwindigkeit c ins Innere des Brennstoffs weiter, gleichzeitig aber mit der Entzündungsgeschwindigkeit C

[1] Wirft man das nasse Pulver, noch ehe sich das Gas an der Luft entzündet hat, ins Wasser, so brennt es in der Regel unter Wasser weiter, da außen ein dünner Rand stehen bleibt, so daß infolge der heftigen Gasentwicklung das Wasser die Brennfläche nicht rasch genug erreicht. Es brennt dann eine Röhre aus. Auch Pulver, auf dem etwas Asche stehen bleibt, kann durch Fallenlassen in Wasser nicht erlöscht werden. [Anm. b. d. Korr.: Ähnliche Versuche hat schon Noble beschrieben (Proc. Roy. Inst. **16**, 329, 1902).]

über die Oberfläche des Stabes nach unten. Denkt man sich den Stab mit der gleichen Geschwindigkeit C gehoben, so daß der Kegel an Ort und Stelle bleibt, so wird das Flammenteilchen, das sich jetzt in A befindet, später längs der Diagonale des über c und C errichteten Parallelogramms bewegt. In dieser Richtung bildet sich der Kegel aus. Die in A durch das Zusammenwirken von Verbrennungs- und Entzündungsgeschwindigkeit eingestellte Neigung bleibt also, während das Flammenteilchen gegen die Spitze wandert, dauernd erhalten, da die weitere Verbrennung nurmehr in senkrechter Richtung erfolgt; auch jede Unregelmäßigkeit, die in der Verbrennung bei A eintritt, etwa durch einen Höcker oder eine Kerbe im Stab veranlaßt, setzt sich längs des Kegelmantels fort, bis sie in der Spitze verschwindet.

Ist 2α der Öffnungswinkel des Kegels, so ist nach der obigen Konstruktion $\sin\alpha = \frac{c}{C}$ und $c = C \sin\alpha$. Man kann also durch Beobachten von C, d. h. der Geschwindigkeit, mit der der Kegel am Stab herunterbrennt, und durch Ausmessen des Kegelwinkels die Verbrennungsgeschwindigkeit c finden. Sie hat innerhalb der Fehlergrenzen denselben Wert, wie man ihn durch Abbrennen des Stabes in Kohlensäure, wo $C = c$ wird, unmittelbar messen kann.

Ehe wir weiter gehen, soll kurz erörtert werden, worin der wesentliche Unterschied zwischen dem Verbrennungs- und dem Entzündungsvorgang besteht. Die Fortleitung der Verbrennung im festen Brennstoff ist ebenso wie die in einem Gasgemisch ein wohldefinierter, von außen verhältnismäßig schwer beeinflußbarer Prozeß. Seine Geschwindigkeit hängt außer von der Temperatur des Brennstoffs und vom Druck, unter dem die Verbrennung erfolgt, nur von der chemischen Zusammensetzung ab und ist eindeutig durch die Brennstoffmenge bestimmt, welche die vom Flammengas in den Brennstoff eindringende Wärmemenge sekundlich von der Anfangs- auf die Entzündungstemperatur zu erhitzen vermag. Demgegenüber ist die Entzündungsgeschwindigkeit eine mehr zufällige, von außen leicht zu ändernde Größe. Sie wird in hohem Maße durch die Beschaffenheit der Oberfläche des Stabes, sowie durch Luftströmungen in der Umgebung beeinflußt.

In Nr. 3 der Fig. 27 war der Stab mit Kreide bestrichen worden, wodurch die Entzündungsgeschwindigkeit um 40 % abnahm. Die Verbrennungsgeschwindigkeit wird hierdurch nicht geändert, der Kegel also entsprechend stumpfer. In Nr. 4 wurde der Stab in senkrechter Lage nicht wie sonst am oberen, sondern am unteren Ende gezündet.

In ruhender Luft entstehen hierdurch ungemein spitzige Brennflächen, da die aufsteigenden Flammengase die Entzündung rasch nach oben tragen. Bläst man aber gleichzeitig einen Luftstrom von oben nach unten den Stab entlang der Flamme entgegen, so können Kegel von verschiedenstem Öffnungswinkel erhalten werden. Im vorliegenden Fall betrug die Geschwindigkeit des Luftstroms 4 m/sec.

Diese Empfindlichkeit der Entzündung gegen äußere Einflüsse wird verständlich, wenn man sich den Erhitzungsvorgang klar macht, der die Entzündung über die Oberfläche des Stabes weiterträgt.

Vom Mantel des Kegels strömen nämlich die Pulvergase infolge der gewaltigen thermischen Ausdehnung mit großer Geschwindigkeit und so gut wie senkrecht zur Kegelfläche ab; erst später biegen sie infolge der weiteren Querschnittsvergrößerung nach oben. Sie enthalten Wasserstoff und Kohlenoxyd. Außen sind sie von einer Wirbelschichte umhüllt, die rings knapp unter der Grundlinie des Kegels beginnt und in der sich Pulvergase und umgebende Luft mechanisch und durch Diffusion miteinander mischen. Da dieses Gemisch nun aber brennbar ist, so sind die Pulvergase nach außenhin von einer dünnen Schichte aus brennendem Wasserstoff und Kohlenoxyd umhüllt, ganz ähnlich wie die Flamme eines mit Gasüberschuß brennenden Bunsenbrenners. Diese Hülle kommt unterhalb des Kegels mit der noch nicht entzündeten Pulveroberfläche in Berührung oder ihr doch so nahe, daß die Entzündung nach unten fortschreitet, und zwar in der Regel mit größerer als der Verbrennungsgeschwindigkeit, da hier nur die oberste Schichte gezündet werden muß. Es ist verständlich, daß die Oberflächenbeschaffenheit und Luftströmungen diesen Vorgang beeinflussen. Kann die brennende Hülle sich nicht ausbilden, wie in Kohlensäure, Stickstoff oder bei reichlichem Zusatz von Wasserdampf, so bleibt der Entzündungsvorgang aus.

Wir haben bemerkt, daß ein kreisrunder Stab, oben gezündet, nach einiger Zeit eine kegelförmige Brennfläche bildet, die sich weiterhin stationär erhält. Welches sind aber die nicht stationären Formen gewesen, aus denen sich der Kegel entwickelt hat? Oder fassen wir die Aufgabe gleich allgemeiner: Es ist ein Pulverkörper beliebiger Form gegeben und es sind Verbrennungs- und Entzündungsgeschwindigkeit bekannt; wie läßt sich von der Zündungsstelle ausgehend, die Lage und Form der Brennfläche für jeden späteren Zeitpunkt ermitteln?

Wir werden diese Frage leicht beantworten können, wenn wir vorher einige Versuche über die Verbrennung dünner Schichten brennbarer Stoffe wie Zelluloid oder Papier kennen lernen, da diese

Erscheinungen mit dem Vorhergehenden viele Berührungspunkte haben und zunächst die Lösung der Aufgabe für die Fläche liefern.

Hier kommt zwar nur der Vorgang der Entzündung zur Geltung, da die Verbrennung in der Richtung der dritten Dimension erfolgt, die wir an dünnen Blättern vernachlässigen können. Aber diese Entzündung wird über die Fläche des Blattes mit anderer Geschwindigkeit vorgetragen als über den Rand. Durch die Übereinanderlagerung der beiden verschiedenen Entzündungsgeschwindigkeiten, die hier auftreten, die wir kurz als Flächen- und Randgeschwindigkeit bezeichnen wollen, wird infolgedessen die Brennlinie des verbrennenden Blattes genau so bestimmt, wie beim Pulver die Übereinanderlagerung der Verbrennungs- und Entzündungsgeschwindigkeit die Form der Brennfläche bedingt. So sind die Erscheinungen geometrisch ganz ähnlich.

Zündet man einen längeren Streifen Zelluloid in senkrechter Lage in der Mitte der oberen Kante, so bildet sich auch wieder nach kurzer Zeit eine stationäre Spitze von ganz bestimmtem Winkel, die mit bestimmter Geschwindigkeit herabbrennt. Das Brennlinienelement bei A (Fig. 29) brennt einerseits über die Fläche mit einer Geschwindigkeit weiter, die mit der bisher betrachteten Entzündungsgeschwindigkeit identisch ist und die wir daher auch wieder mit C bezeichnen wollen. Gleichzeitig eilt aber die Entzündung über den Rand des Blattes mit der größeren Randgeschwindigkeit C^* nach abwärts. In der Richtung der Verbindungslinie beider Pfeile bildet sich die Brennlinie und der Randwinkel α, also der halbe Spitzenwinkel ist wieder durch die Gleichung $C = C^* \sin \alpha$ bestimmt. Nach Ablauf einer Sekunde findet sich das Brennlinienelement A bei A' oder, wenn wir die Spitze durch Heben des Streifens mit der Geschwindigkeit C^* an Ort und Stelle erhalten, bei A''. Jedes Element der Brennlinie entsteht also am Rand und läuft mit der dort durch das Zusammenwirken beider Geschwindigkeiten eingestellten Neigung längs der Kante zur Spitze. Jede Unregelmäßigkeit am Rand setzt sich längs der Kante fort, bis sie in der Spitze verschwindet. Das ist genau so, wie es schon früher am Pulverkegel beschrieben wurde.

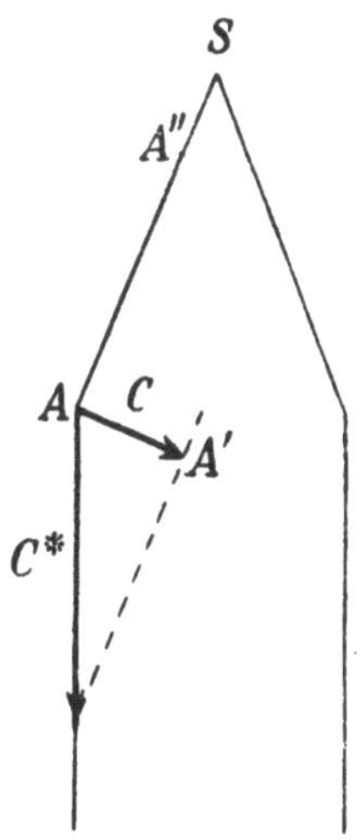

Fig. 29.

Es ist leicht einzusehen, warum sich die Entzündung längs des Randes rascher ausbreitet als über die Fläche. Die Entzündung braucht nämlich, um fortzuschreiten, wieder den Sauerstoff der Atmosphäre und wird in derjenigen Richtung sich rascher ausbreiten, in der auf jedes Element der Brennlinie mehr Sauerstoff entfällt. Da ist nun kein Zweifel, daß die für die brennbaren Gase erreichbare Sauerstoffmenge an scharfen Kanten wie an den Rändern größer ist als in der Fläche. In der Fläche ist jedes Element der Brennlinie

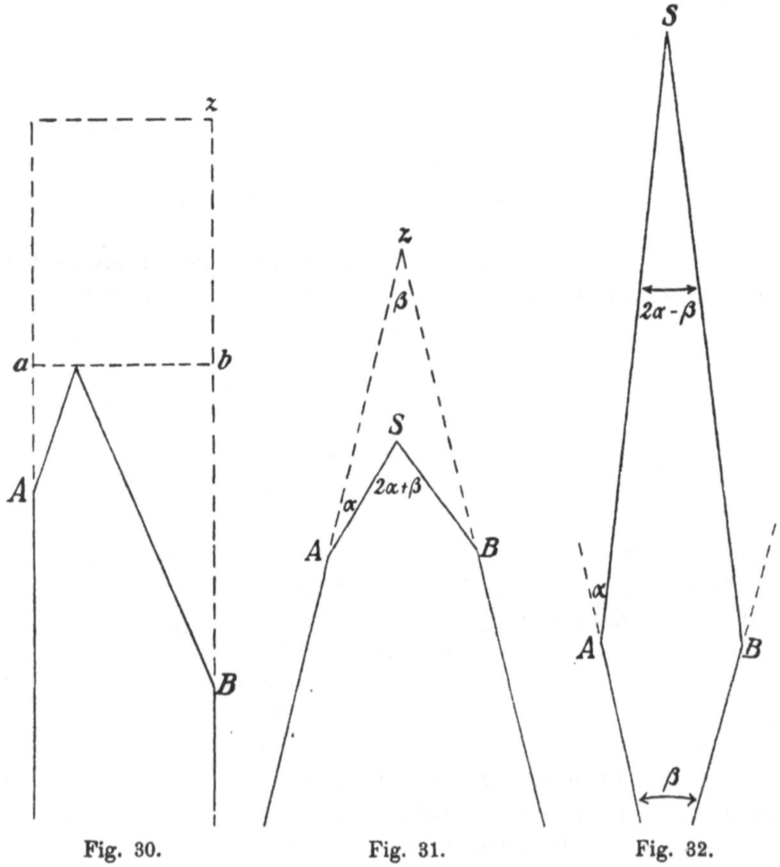

Fig. 30. Fig. 31. Fig. 32.

auf den Sauerstoff beschränkt, den es senkrecht zu seiner Richtung vorfindet, seitwärts wird der Sauerstoff von den benachbarten Elementen in Anspruch genommen; hingegen findet sich am Rand auch noch beiderseits Sauerstoff, mit dem das brennbare Gas sich mischen kann.

Wird der Streifen statt in der Mitte der oberen Kante an der rechten Ecke bei z gezündet (Fig. 30), so bildet sich die Spitze mit gleichem Winkel wie früher, aber nach links so verschoben, daß

$Aa + ab = bB$ ist, da der Weg von der Zündstelle über die Ränder nach A und B der gleiche sein muß (Nr. 6 in Fig. 27).

Sind die Ränder des Streifens nicht parallel, laufen sie vielmehr unter dem Winkel β auseinander (Fig. 31) oder zusammen (Fig. 32), so wird der Winkel in der Spitze im ersten Fall gleich $2\alpha + \beta$, im zweiten gleich $2\alpha - \beta$; in jedem Fall bleibt der Randwinkel gleich α. Wird also die Flamme auf einem Streifen mit parallelen Rändern nach Ausbildung der regelmäßigen Spitze ausgeblasen und dann die Spitze abermals gezündet, so bildet sich auf der ersten eine zweite stumpfere Spitze, wobei die Ränder dieser zweiten Spitze mit denen der ersten denselben Winkel α bilden, wie die Ränder der ersten Spitze mit denen des Streifens (Nr. 7 in Fig. 27.) Wird das Blatt so zugeschnitten, daß die beiden Ränder unter dem Winkel $180 - 2\alpha$ zusammenstoßen (Fig. 33) und dort gezündet, so bildet sich offenbar eine horizontale Brennlinie.

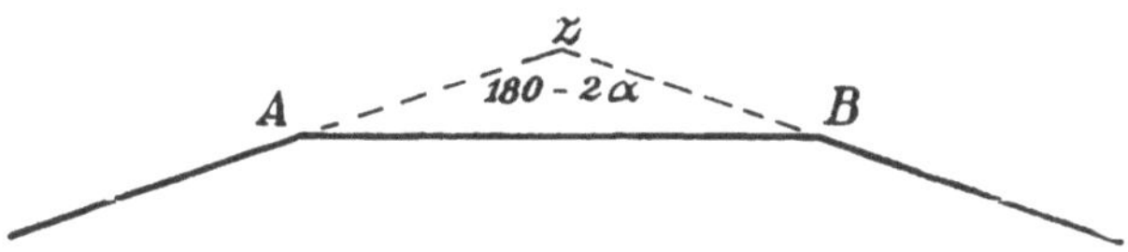

Fig. 33.

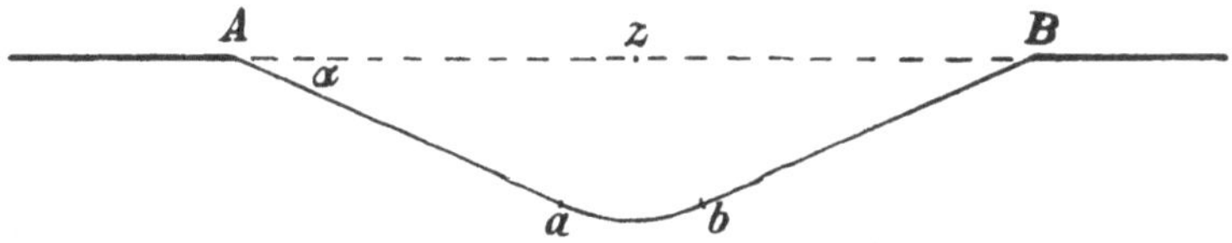

Fig. 34.

Nimmt man ein Blatt und zündet an irgendeiner Stelle des oberen, horizontalen Randes, so bildet sich eine Brennlinie, die aus einem um die Zündungsstelle z geschlagenen Kreisbogen ab besteht, an den von A und B aus unter dem Randwinkel α Tangenten gehen. (Fig. 34 und Nr. 9 in Fig. 27.)

Wird der Streifen längs der linken Seite in Metall gefaßt, so daß dort keine Randzündung eintritt, so erhält man bei Zündung an der rechten Ecke (Fig. 35) nach einiger Zeit die Brennlinie ASB. Die Ecke bei S verschiebt sich durch paralleles Abbrennen unter AS und SB in der Richtung des Pfeils nach links, bis die Brennlinie $S'B'$ erreicht ist, die sich dann weiterhin erhält.

Klemmt man den Streifen an beiden Längsseiten in Metall ein und hindert so beiderseits die Randzündung, so erhält man bei Zündung in der Mitte der oberen Kante zunächst die aus Kreis und Tangenten bestehende Brennlinie AB (Fig. 36), von der aber bald wegen der erzwungenen seitlichen Begrenzung nur der Kreisbogen in der Mitte übrig bleibt, der schließlich mit wachsender Entfernung von der Zündstelle in eine zur Richtung des Streifens senkrechte Gerade übergeht. Der Streifen verbrennt so, als ob er der Teil eines sehr großen Blattes wäre.

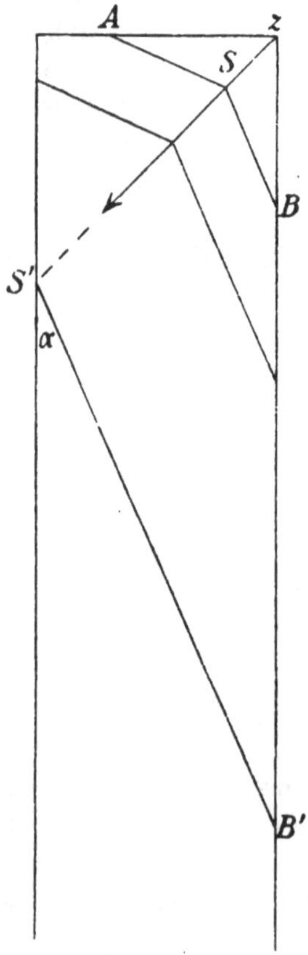

Fig. 35.

Fig. 36.

Es sei übrigens bemerkt, daß bei diesen Versuchen mit Zelluloid eine genau senkrechte Lage der Streifen oder Blätter keineswegs nötig ist. Selbst bei horizontaler Lage sind die Brennlinien, bis auf geringere Konstanz des Randwinkels, die gleichen. Nur umgekehrt darf man das Blatt natürlich nicht halten, man darf nicht von unten her zünden, da sonst die emporstreichenden Flammengase, die von jedem Luftzug bewegt werden, die Entzündung in ganz regelloser Weise ausbreiten.

Ähnlich wie dünnes Zelluloid verhält sich auch Papier (dünnes Lösch- oder Filterpapier). In der Tat ist die Erscheinung nur in zwei Punkten verschieden. Erstens werden die Spitzen weit flacher, wie die nachfolgende Abbildung (Fig. 37) erkennen läßt. C und C^* sind also weit weniger verschieden, ja werden bei manchen Papieren fast gleich. Zweitens sind beide Geschwindigkeiten viel kleiner als

Fig. 37.

bei Zelluloid. Das hat zur Folge, daß die Ausbildung der Brennlinien sehr leicht durch Luftströmungen gestört wird, ja daß schon die Luftströmungen, welche die Flamme selbst hervorruft, die Ausbreitung der Entzündung über Rand und Fläche beeinflussen. So ist z. B. hier die Geschwindigkeit über einen horizontalen Rand etwas größer als über einen vertikal stehenden, da im zweiten Fall der aufsteigende Luftstrom der Ausbreitung der Entzündung entgegenwirkt. Aus demselben Grund ist auch die Flächengeschwindigkeit von der Richtung etwas abhängig und in der Vertikalen am kleinsten; der Mittelpunkt des beiderseits tangierten Kreises liegt hier oberhalb der Zündungsstelle. Mischt man der Luft aber etwas Sauerstoff zu, so werden die Winkel spitzer und verschwinden die Störungen.

Die Ergebnisse dieser einfachen Versuche, wie aller anderen ähnlichen, die man sich leicht ausdenken könnte, lassen sich nun ohne weiteres auf Grund des folgenden Prinzipes verstehen:

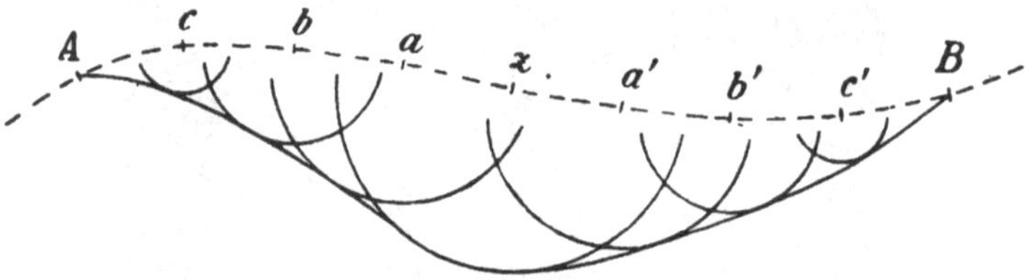

Fig. 38.

Es habe das Blatt ursprünglich die beliebige, gestrichelt gezeichnete Begrenzung (Fig. 38) und es werde bei z gezündet. Gäbe es keine Randgeschwindigkeit, so wäre nach einer Sekunde die Brennlinie einfach der um z mit C als Halbmesser geschlagene Kreis. Tatsächlich hat sich aber während dieser Sekunde die Entzündung über den Rand nach links und rechts so weit ausgebreitet, als der Randgeschwindigkeit C^* entspricht: nach links bis A, nach rechts ebensoweit bis B. Alle Punkte zwischen z und A sind während der Sekunde nacheinander von der Entzündung ergriffen worden und von jedem dieser Punkte hat sich sofort die Entzündung auch über die Fläche kreisförmig ausgebreitet. Diese Kreise haben am Ende der Sekunde Radien erreicht, proportional den Zeiten, welche seit der Zündung des zugehörigen Zentrums verflossen sind. Teilt man also die Linie zA und ebenso zB etwa in vier gleiche Teile, so sind a und a' seit $^3/_4$, b und b' seit $^1/_2$, c und c' seit $^1/_4$ Sekunde gezündet worden, wenn die Flamme A und B erreicht. Schlägt man also um a einen Kreis mit dem Radius $^3/_4\ C$, um b mit $^1/_2\ C$, um c mit $^1/_4\ C$ und ebenso auf der anderen Seite, so gibt die Umhüllende aller dieser Kreise ganz ähnlich wie beim Huyghensschen Prinzip die neue Brennlinie. Der Randwinkel bei A und B ist wieder gleich α.

Es ist wohl nicht nötig nachzuweisen, daß diese einfache Konstruktion in jedem der hier betrachteten Sonderfälle tatsächlich zutrifft.

Sie ist nun aber auch ohne weiteres auf die räumlichen Verhältnisse zu übertragen, wie sie beim Verbrennen von Kolloidpulver vorliegen. Ist ein Pulverkörper beliebiger Form gegeben und sind

Verbrennungs- und Entzündungsgeschwindigkeit bekannt, so läßt sich, von der Zündungsstelle ausgehend, die Lage und Form der Brennfläche für jeden späteren Zeitpunkt ermitteln. Sie ist als die Umhüllende sämtlicher Kegelflächen bestimmt, die man sich um jeden Punkt der von der Verbrennung bereits ergriffenen Oberfläche nach innen zu geschlagen denkt und zwar mit Radien, die der Zeit proportional sind, welche verstrichen ist, seitdem der betreffende Punkt von der Entzündung ergriffen wurde.

Ist der Pulverkörper symmetrisch und erfolgt die Zündung an der Achse, so erhält man die Brennfläche einfach durch Rotation der entsprechenden Brennlinie des Achsenschnittes. So geben z. B. Nr. 7 und 9 in Fig. 27 ohne weiteres den Achsenschnitt durch den betreffenden Rotationskörper. Nr. 7 lehrt, daß ein Pulverkegel, ausgelöscht und neuerlich an der Spitze gezündet, zunächst einen Kegel vom doppelten Öffnungswinkel bildet. Nr. 9 lehrt, daß sich auf einem Pulverkörper mit ebener Begrenzung unter der Zündstelle eine Brennfläche entwickelt, die aus einer Kugelfläche besteht, die von einem Kegelmantel tangiert wird.

Diese Beispiele ließen sich natürlich beliebig vermehren.

§ 16. Versuche über die Verbrennungs- und Entzündungsgeschwindigkeit.

Es wird zu untersuchen sein, in welcher Weise die Verbrennungsgeschwindigkeit c von der Art des Pulvers abhängt, sowie vom Druck und von der Temperatur, bei welcher die Verbrennung erfolgt. Desgleichen ist zu untersuchen, welche Abhängigkeit die Flächengeschwindigkeit C und die Randgeschwindigkeit C^* des Entzündungsvorganges von Druck und Temperatur, vom Sauerstoffgehalt der Atmosphäre und von der Dicke der verbrennenden Schichte aufweisen. Die hier mitgeteilten Versuche bieten nur einen ersten Einblick und keineswegs eine erschöpfende Behandlung dieses Gegenstandes.

Für sie standen kreisrunde Pulverstäbe verschiedener Dicke und zweierlei Zusammensetzung zur Verfügung. Die im folgenden mit A bezeichnete Pulversorte enthielt $52\,\%$ Nitroglyzerin und $44\,\%$ Nitrozellulose, die Sorte B $25\,\%$ Nitroglyzerin und $71\,\%$ Nitrozellulose bei Gleichheit aller sonstigen Bestandteile. Der Stickstoffgehalt der Nitrozellulose betrug $12{,}6\,\%$. A verbrannte vollkommen aschenfrei, B gab etwas leichte und lockere Asche. Die Stäbe wurden in freier Luft verbrannt, die Randwinkel α an den durch Fallenlassen in Wasser gelöschten Kegeln gemessen, die Entzündungsgeschwindigkeit C aus der Zeit ermittelt, in welcher der Kegel zwischen zwei am Stab angebrachten Marken herabbrannte. Es ergaben sich für verschiedene Stabdurchmesser d die folgenden Werte der Verbrennungsgeschwindigkeit $c = C \sin \alpha$:

A				B	
d mm	c mm/sec	d mm	c mm/sec	d mm	c mm/sec
4,47	1,40	8,90	1,18	4,50	0,97
6,00	1,34	13,16	1,02	9,20	0,79
6,99	1,27	15,14	0,97	14,05	0,69
7,69	1.27				

Vergleicht man die für gleiche Stabdurchmesser an beiden Pulversorten gemessenen Werte, so zeigt das an Nitrozellulose reiche Pulver *B*, wie zu erwarten, eine wesentlich kleinere Verbrennungsgeschwindigkeit. Außerdem fällt aber die regelmäßige Abnahme auf, welche die Verbrennungsgeschwindigkeit mit wachsendem Durchmesser der Pulverstäbe aufweist. Sie ist für beide Pulversorten ungefähr die gleiche. Man hat in ihr nicht etwa eine wirkliche Beeinflussung der Verbrennungsgeschwindigkeit durch die Stabdicke zu erblicken, die ja auch ganz unverständlich wäre; sie ist vielmehr auf den verschiedenen Grad der Trocknung des Pulvers zurückzuführen.

Sämtliche Stäbe waren ohne Rücksicht auf ihren verschiedenen Durchmesser in derselben Kammer die gleiche Zeit getrocknet worden und die Folge mußte sein, daß diese Trocknung bei den dünnen Stäben stärker war als bei den dicken. Im Betrage, den die Analyse liefern würde, ist der Unterschied nicht groß; die stärksten Stäbe dürften etwa 0,8 %, die schwächsten 0,5 % flüchtige Stoffe (Azeton, Alkohol usw.) enthalten haben. Doch beeinflußt ein solcher Unterschied die ballistische Wirkung bereits in beträchtlicher Weise und so kann es nicht überraschen, daß er sich auch in der Verbrennungsgeschwindigkeit ausdrückt. Genügte er doch, um sich beim Schneiden der Stäbe sehr deutlich fühlbar zu machen. Waren die dünnen Stäbe hart, so setzten die dicken dem Eindringen des Messers einen bei weitem geringeren Widerstand entgegen. Stäbe der Pulversorte A von 8,55 mm Durchmesser die nur soweit getrocknet worden waren als nötig schien, um ihnen die nötige Steifheit zu geben, lieferten für c sogar nur den Wert 0,86 mm/sec, der noch beträchtlich unter jenem liegt, der oben für den größten Stabdurchmesser erhalten worden war. Chemische Beschaffenheit und Trocknungsgrad des Pulvers bestimmen also in erster Linie die Geschwindigkeit der Verbrennung.

Um den Einfluß der Temperatur auf die Erscheinung festzustellen, wurden besonders gut getrocknete, 10 mm dicke Stäbe der Sorte A in der Mitte zerschnitten und die eine Hälfte bei 24,7° C, die andere bei 1,5° C verbrannt. Die Verbrennungsgeschwindigkeit betrug 1,44, bzw. 1,15 mm/sec. Größer war der Einfluß auf die Entzündungsgeschwindigkeit, die sich von 3,87 auf 2,66 mm/sec erniedrigte.

Von besonderem Interesse ist die Abhängigkeit der Größen c und C vom Druck der umgebenden Luft. Nach dem, was früher über das Wesen des Entzündungsvorganges gesagt wurde, wird in erster Linie eine Änderung der Entzündungsgeschwindigkeit mit Änderung der Menge des verfügbaren Sauerstoffs zu erwarten sein. Es wurden Stäbe der gleichen Beschaffenheit verwendet, wie im vorhergehenden Versuch. Die eine Hälfte wurde im Laboratorium, die andere am Hochschwab (Schiestlhaus) in 2193 m Seehöhe verbrannt. Barometerstand und Temperatur betrugen 744 mm und 16° C, bzw. 550 mm und 13° C.

Es ergab sich unten: $C = 3{,}49$, $c = 1{,}28$ mm/sec
„ „ „ oben: $C = 2{,}38$, $c = 1{,}12$ „

In der Tat ist es hiernach die Entzündungsgeschwindigkeit, die in auffallender Weise und zwar ungefähr der Luftdichte, also der Sauerstoffmenge proportional abnimmt; die Verbrennungsgeschwindigkeit ist auch gemindert, jedoch in weit geringerem Verhältnis.

San Roberto[1] hat schon in den Jahren 1862—1865 die Verbrennungsgeschwindigkeit von Schwarzpulver in verschiedener Seehöhe gemessen. Er füllte das Pulver möglichst dicht in Bleiröhren von etwa 40 cm Länge und bestimmte die Brenndauer. Es ergab sich zwischen der Verbrennungsgeschwindigkeit und dem Luftdruck p die Beziehung $c = c_1 p^{2/3}$. Es ist aber klar, daß solche Versuche nur mit gelatiniertem und völlig vergasendem Pulver richtige Ergebnisse liefern können. Abgesehen vom Einfluß der Rohrwandung auf die Geschwindigkeit des Verbrennungsvorganges, wird bei Schwarzpulver die Erscheinung sowohl durch das körnige Gefüge, wie durch den Pulverrückstand verwickelt.

Doch ist nachdrücklich darauf hinzuweisen, daß auch für Kolloidpulver die aus Versuchen in freier Luft ermittelte Verbrennungsgeschwindigkeit und ihre Abhängigkeit von Temperatur und

[1] Vgl. H. Brunswig, „Explosivstoffe“, Leipzig 1909, S. 41.

Druck nicht ohne weiteres zu einem Schluß auf den Wert dieser Größe bei der Verbrennung im geschlossenen Raum oder im Rohr der Feuerwaffe herangezogen werden kann. Schon das Sprühen, das ein jedes Pulver bei offener Verbrennung zeigt, d. h. das Fortreißen brennender Pulverteilchen mit den abströmenden Gasen stört die Erscheinung und läßt die Verbrennungsgeschwindigkeit zu groß, ihre Temperatur- und Druckabhängigkeit zu klein finden. Man sieht diese in der Richtung der Strömungslinien fortgerissenen Teilchen am besten bei der nicht leuchtenden Verbrennung in sauerstofffreier Atmosphäre, kann sie aber auch bei der Verbrennung in Luft durch die Flamme hindurch deutlich wahrnehmen. Senkrecht zur Kegelfläche ansetzend fliegen beständig zahllose Fünkchen im Gasstrom. So schwindet das Pulver nicht allein durch die Vergasung seiner Oberfläche, sondern nicht unwesentlich auch durch Versprühen.

Es ist anzunehmen, daß dieses Sprühen unter dem hohen Druck, wie er sich im geschlossenen Gefäß rasch entwickelt, aufhört. Zwar ist die Geschwindigkeit, mit der die Gase von der Pulveroberfläche wegströmen, im geschlossenen Gefäß kaum geringer, da, wie im § 19 aus den Versuchen von Petavel gezeigt werden wird, bei höherem Druck die Verbrennungsgeschwindigkeit mit dem Druck proportional ansteigt; doch wird das Sprühen vermutlich durch das Sieden der im Kolloid adsorbierten Flüssigkeit hervorgerufen, und dieses Sieden wird bei hohem Druck unterbleiben. Man wird die Abhängigkeit der Verbrennungsgeschwindigkeit vom Druck einschließlich der niederen Drucke vielleicht durch einen Ausdruck von der Form $c = a + bp$ darstellen können, worin a einen Summanden bezeichnet, der bei genügend hohem Druck vernachlässigt werden kann. Versuche der hier geschilderten Art in einer pneumatischen Kammer hinreichender Größe unter verschiedenem Luftdruck ausgeführt, könnten hierüber weiteren Aufschluß geben. Sicher ist aber jedenfalls, daß die aus Versuchen in freier Luft unter bestimmten Verhältnissen des Drucks und der Temperatur ermittelte Verbrennungsgeschwindigkeit, wenn sie auch das betreffende Pulver kennzeichnet, vorderhand für die Ballistik von geringer Bedeutung ist.

Der durch das Sprühen veranlaßten Störung gegenüber ist der Einfluß von ganz untergeordneter Bedeutung, den die Verstärkung des Luftdrucks durch den Druck der sich entwickelnden Gase auf die Verbrennungsgeschwindigkeit haben könnte. Bei einer Strömungsgeschwindigkeit von rund 19 m/sec und einer Pulverdichte von 1,63 (Pulversorte A) beträgt die Druckvermehrung ($m \times v$) auf der Oberfläche des Pulvers nur etwa 0,0004 Atm. Es ist nicht unwichtig darauf hinzuweisen, da manche Autoren diesen Einfluß derart überschätzen, daß sie daraus die Unmöglichkeit folgern, Verbrennungsgeschwindigkeiten aus Versuchen in freier Luft einwandfrei abzuleiten. Bestehen hier Schwierigkeiten, so sind es nur die oben angeführten.

Durch das Versprühen wird natürlich auch die Genauigkeit der Messung beeinträchtigt. Das Aufreißen der Pulveroberfläche, das Mitreißen noch nicht ganz verbrannter Pulverteilchen wird zum Teil von den Zufälligkeiten abhängen, welchen dieser Vorgang unterliegt. Die oben gegebenen Zahlen sind stets Mittelwerte und die Einzelmessungen zeigen eine beträchtliche Streuung.

Daß die Flächengeschwindigkeit der Entzündung, also die Größe C sich mit Temperatur und Luftdruck stärker ändert als die Verbrennungsgeschwindigkeit c, wurde schon bemerkt. Noch stärker ist diese Abhängigkeit für die Randgeschwindigkeit C^*.

Aus ein und demselben Stück Zelluloid von 0,35 mm Dicke wurden 3 cm breite Streifen geschnitten und durch Zünden in der Mitte der oberen Kante zu Spitzen abgebrannt. Aus der Messung der Randwinkel ergab sich bei 26,3° C:

$$C = 2{,}30, \quad C^* = 10{,}68 \text{ mm/sec}$$

hingegen bei 3,1° C:

$$C = 1{,}98, \quad C^* = 8{,}18 \text{ mm/sec.}$$

In einer anderen Versuchsreihe bei 16° C und 744 mm Luftdruck:

$$C = 2{,}04, \quad C^* = 8{,}79 \text{ mm/sec;}$$

hingegen auf dem Hochschwab bei 13° C und 550 mm Luftdruck:

$$C = 1{,}39, \quad C^* = 4{,}34 \text{ mm/sec.}$$

Während also hier die Randgeschwindigkeit bis unter den halben Wert sank, war die Flächengeschwindigkeit wie an den Pulverstäben bei den früher mitgeteilten Versuchen nur ungefähr im Verhältnis der Luftdichte an beiden Orten verringert. Das hat zur Folge, daß in der Höhe die Spitzen weit stumpfer abbrennen als unten, wie dies ein Vergleich der Spitzen Nr. 5 und 8 in Fig. 27 auf den ersten Blick erkennen läßt. Nr. 5 war im Laboratorium, Nr. 8 auf dem Hochschwab erhalten worden.

Ebenso wie eine Verminderung des Sauerstoffgehaltes oder eine Verdünnung der Luft bei gleichbleibender Blattdicke wirkt auch ein Dickerwerden des Blattes, also eine Vermehrung der brennbaren Gase bei gleichbleibendem Sauerstoffgehalt der umgebenden Luft: beide Entzündungsgeschwindigkeiten nehmen ab. Es liegt aber auf der Hand, daß mit zunehmender Dicke des Blattes der Unterschied zwischen der Sauerstoffzufuhr auf der Fläche und am Rande kleiner wird, daß also C^* stärker abnimmt als C. Umgekehrt wachsen

Rand- und Flächengeschwindigkeit sowie der Unterschied zwischen den beiden Größen, wenn das Blatt dünner wird. So ergab sich für Zelluloid, dessen Dicke nur 0,113 mm betrug, $C = 3{,}48$ und $C^* = 18{,}1$ mm/sec.

§ 17. Die Zustandsgleichung der Pulvergase.

Schon Rumford bemerkt, daß der von den entwickelten Pulvergasen ausgeübte Druck nicht einfach dem Boyleschen Gesetz entspricht; der im geschlossenen Raum erreichte Enddruck wächst rascher als die Ladedichte Δ, d. h. das Verhältnis zwischen der Pulvermenge μ und dem Raum V. Das hat darin seinen Grund, daß das Kovolumen der Pulvergase nicht zu vernachlässigen ist. Bei nicht völlig vergasenden Pulvern, wie Schwarzpulver, wirkt natürlich der Pulverrückstand in gleichem Sinne.

Die van der Waalssche Zustandsgleichung der Gase und Dämpfe, etwa in der ihr von Clausius gegebenen Form, lautet

$$p = \frac{R\,T}{v - \alpha} - \frac{\varphi(T)}{(v - \beta)^2}\,.$$

Es sind hierin v das spezifische Volumen, R die individuelle Gaskonstante, α das sogenannte Kovolumen und $\varphi(T)$ und β auf die Kohäsion im Gase bezügliche Größen. Die Funktion $\varphi(T)$ nimmt mit wachsender Temperatur so rasch ab, daß selbst für hohe Drucke, also bei kleinem v, das zweite Glied gegen das erste vernachlässigt werden kann, wenn der Wert von T groß ist. Für die Verbrennungstemperaturen der Pulver ist das gestattet. Dann gilt für die Masseneinheit $p = \frac{R\,T}{v - \alpha}$ und für die beliebige Menge von μ g mit dem Volumen $\mu\, v = V$

$$p = \frac{\mu\, R\, T}{V - \mu\,\alpha} = \frac{R\, T\, \Delta}{1 - \alpha\,\Delta} = \frac{f\,\Delta}{1 - \alpha\,\Delta}\,,$$

wenn man, wie allgemein üblich, für $R\,T$, das für eine bestimmte Pulversorte bei Verbrennung im geschlossenen Raum eine Konstante ist[1],

---

[1] Das gilt ohne weiteres soweit das scheinbare Molekulargewicht des Pulvergases vom Druck nicht abhängt, bei dem die Verbrennung erfolgt, was allerdings nicht genau der Fall ist, da sich die Zusammensetzung des Pulvergases mit dem Druck ändert. Doch kann man aus den Versuchen Nobles [Phil. Trans. R. Soc. London (A) **206**, 453 (1906)] berechnen, daß für Kolloidpulver sich zugleich die Verbrennungswärme so ändert, daß das Produkt aus Gaskonstante und Verbrennungstemperatur recht genähert konstant bleibt. In bezug auf die Druckentwicklung verhält sich also das Pulvergas trotz seiner bei höheren Drucken veränderlichen Zusammensetzung und Verbrennungstemperatur wie ein Gasgemisch von unveränderlicher Zusammensetzung längs einer Isotherme.

den Buchstaben f schreibt. Die Größen f und α werden häufig die Noble-Abelschen Konstanten des Pulvers genannt, da diese Forscher zuerst die Gültigkeit der obigen einfachen Zustandsgleichung für die Pulvergase erkannten[1], die Größe f auch dessen Stärke.

Man kann ersichtlich f und α durch Beobachtung mindestens zweier zusammengehöriger Werte von p und Δ ermitteln. Ist eine größere Zahl von zusammengehörigen Wertepaaren beobachtet worden, so läßt sich der Gültigkeitsbereich der Zustandsgleichung in bequemer Weise auf Grund der Bemerkung prüfen, daß, soweit

$$p(1-\alpha\Delta)=f\Delta \quad \text{oder} \quad \frac{p}{\Delta}=f+\alpha p$$

ist, in einem rechtwinkligen Koordinatensystem ($y=\frac{p}{\Delta}$, $x=p$) die Beobachtungen durch eine Gerade dargestellt werden, deren Ursprungsordinate gleich f, und deren Tangentenwinkel gleich α ist. Oder man trägt $y=\frac{p}{\Delta}$ und $x=\frac{1}{\Delta}$ auf und zieht die Verbindung. Die Geraden müssen sich dann alle in einem Punkte schneiden, dessen Abszisse gleich α und dessen Ordinate gleich f ist. Für nicht sehr große Ladedichten hat sich die Formel vorzüglich bewährt. Man kann in diesem Falle für die modernen Kolloidpulver, die sich vollständig in Gas verwandeln, das Kovolumen α auch einfach gleich dem spezifischen Volumen des festen Pulvers setzen[2], also gleich dem reziproken Wert seiner Dichte ϱ, eine auch gaskinetisch zu rechtfertigende Annahme. Sie besagt nichts anderes, als daß für $\Delta=\varrho$, d. h. für den Fall, daß die Bombe lückenlos mit Pulver gefüllt wird, der Druck unmeßbar groß ist und wird so lange gelten, als der wirklich beobachtete Druck diesem Druck gegenüber als klein betrachtet werden kann. Der Wert der Konstanten f schwankt für die verschiedenen modernen Pulver innerhalb ziemlich enger Grenzen und liegt bei 10000 Atm cm^3/g.

Es ist hier nicht der Ort, um ausführlich die Versuchsanordnung zu beschreiben, welche man seit Noble für diese Messungen des Explosionsdrucks bei verschiedener Ladedichte in der Regel anwendet und die von Sarrau und Vieille auch zur Beobachtung des zeitlichen Anstiegs des Drucks in der Bombe während der Verbrennung verfeinert wurde. Man benutzt den in der umstehenden Figur 39 im Durchschnitt unter Weglassung aller Einzelheiten dargestellten Stauchapparat. Zwischen dem Widerlager a und dem

[1] Phil. Trans. R. Soc. London (A) **171**, 203 (1880).

[2] Vgl. z. B. bei Petavel, Phil. Trans. R. S. London (A) **205**, 385 (1906).

Stempel b wird ein kleiner Kupferzylinder c eingelegt und dessen Stauchung durch den in der zylindrischen Stahlbombe entwickelten Druck vermittelst eines am Stempel befestigten Schreibstiftes d auf einer rasch gedrehten Trommel verzeichnet. Den Abschluß am anderen Ende bildet die Schraube e, durch die ein isolierter Stift geführt wird, so daß von dort aus die Zündung

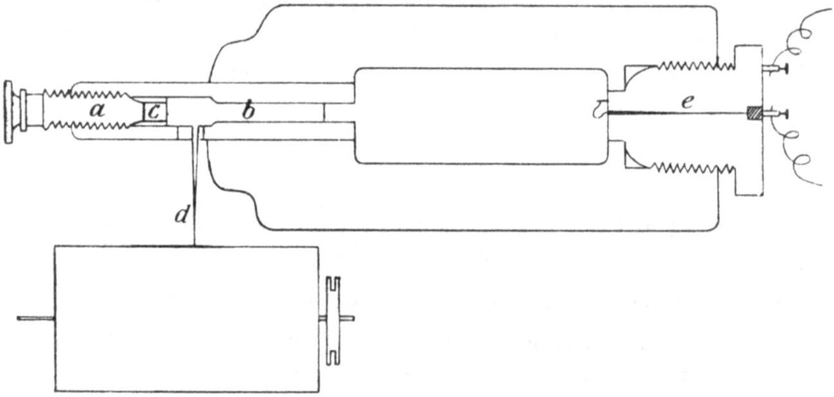

Fig. 39.

mittels eines dünnen Eisendrahtes, den man galvanisch ins Glühen bringt, eingeleitet werden kann. Vorher ermittelt man an ganz gleichartigen Kupferzylindern, wie große Stauchungen sie bei bestimmter Belastung unter einer Hebelpresse erleiden und stellt so eine „Stauchtabelle“ auf, aus der man die einander entsprechenden Werte von Stauchung und Druck entnehmen kann. Doch ist dieser für ruhende Belastung geltende Zusammenhang auf den im Stauchapparat vorliegenden dynamischen Fall nicht ohne weiteres anwendbar. Der Stempel wird ja sozusagen in den Kupferzylinder hineingeschossen und seine lebendige Kraft wird die Stauchung vergrößern. Entwickelt sich der Druck in der Bombe mit der Zeit in der Form $p = \varphi(t)$, ist q der Querschnitt des Stempels, M seine Masse, vermehrt um etwa die Hälfte der Masse des Kupferzylinders, und gibt $f(x)$ den Stauchungswiderstand als Funktion der veränderlichen Höhe x des Zylinders, so ist eigentlich die Differentialgleichung

$$q\,\varphi(t) = f(x) + M\frac{d^2 x}{d t^2}$$

zu integrieren, um den zeitlichen Verlauf und den Endwert der Stauchung zu erhalten. Nur wenn die Geschwindigkeit der Druckentwicklung klein genug und die Masse des Stempels so gering wäre, daß dessen Bewegung sofort mit Einsetzen des Drucks beginnt und mit Erreichen des Enddrucks zum Stillstand kommt, könnte man in der Stauchung ein Maß für den jeweils wirkenden Druck erblicken. Aber selbst dann würden die Werte der Stauchtabelle nicht ohne weiteres anwendbar sein, da erfahrungsgemäß die Zeitdauer der Druckwirkung von beträchtlichem Einfluß auf die Größe der Stauchung ist und Bruchteile einer Sekunde, wie sie als Verbrennungsdauer einer Pulverladung im geschlossenen Raum in Frage kommen, besonders bei hohen Drucken nicht genügen, um die Stauchung des Kupfers hervorzurufen, wie sie unter der Hebelpresse bei gleichem, aber weit länger währendem Druck erzielt wird. Je nachdem die eine oder die andere Fehlerquelle überwiegt, werden zu große oder zu kleine Werte des Gasdrucks gemessen werden und trotz mannigfacher Bemühungen, sie auf rechnerischem Wege oder durch Versuche zu korrigieren, wird es wohl schwerlich je gelingen, aus dem verwickelten Vorgang der Stauchung wirklich genaue und ganz verläßliche Werte für den Druck abzuleiten.

So sehr auch der Stauchapparat der Untersuchung der Explosivstoffe und der Entwicklung der gesammten Waffentechnik förderlich war, scheint es also an der Zeit, statt der Stauchung die elastischen Kräfte als ein einwandfreieres Mittel der Druckmessung anzuwenden, wie das nach Arbeiten von Vieille[1] Noble[2] und Bichel[3], die sich in derselben Richtung bewegten, Petavel[4] mit bestem Erfolg getan hat.

Das Streben, die Trägheit des federnden Systems möglichst klein zu machen, bringt ihn auf den Gedanken, die elastische Kompressibilität des Stahls als „Feder" zu verwenden. Die umstehende Figur 40 gibt das von ihm verwendete Manometer der Hauptsache nach wieder. Es besteht aus einem zylindrisch durchbohrten Stahlstück, das mittels Gewinde in die Wand der Bombe eingeschraubt wird; in die Bohrung paßt gasdicht ein oben offenes, unten geschlossenes Stahlrohr, das Schrauben nur am oberen Ende festhalten, während der Bodeu (S) unter der Wirkung der Explosion wie ein Stempel ein wenig nach außen geschoben wird, um einen Betrag, entsprechend der elastischen Kompressibilität des Stahlrohrs und proportional dessen Länge und dem wirkenden Druck. Diese Bewegung wird auf den im Boden festgeschraubten Stab T übertragen, der am Ende eine nach abwärts gekehrte Schneide s_1 trägt. An

[1] Compt. rend. 115, 1268 (1892).
[2] Proc. Roy. Inst. 16, 239 (1900).
[3] Zeitschr. f. Berg-, Hütten- und Salinenwesen 50, 669 (1902).
[4] Phil. Trans. R. S. London (A) 205, 357 (1906).

diese und an eine zweite unbewegliche Schneide s_2 wird der kleine Hebel *H* durch den fast zum Zerreißen gespannten Stahldraht *D* gepreßt. Ein am Ende des Hebels befestigter Hohlspiegel entwirft das Bild einer punktförmigen Lichtquelle auf einer sehr rasch sich drehenden und mit einem photographischen Film bespannten Trommel. Die Entfernung der Trommel vom Spiegel und die der beiden Schneiden voneinander bestimmt die Vergrößerung, mit der die Bewegung des Rohrbodens *S* aufgezeichnet wird.

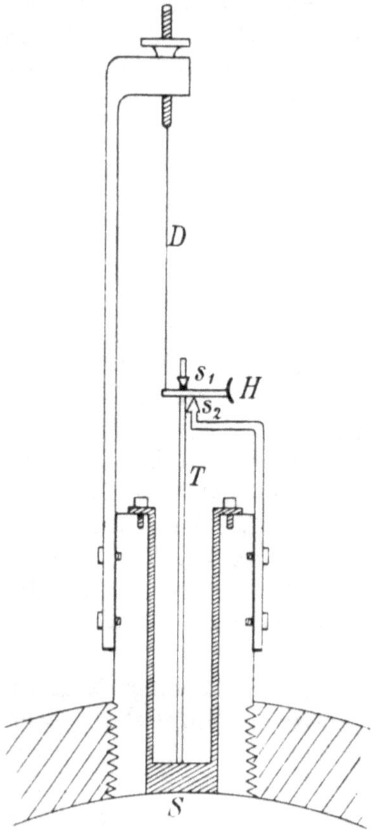

Fig. 40.

Wie vollkommen die Anzeigen dieses Manometers sind, beweist das erste der beiden aus der Arbeit Petavels entnommenen Bilder (Fig. 41). Es bezieht sich auf „Kordit“, ein in Form von zylindrischen Stäben oder Schnüren hergestelltes Nitroglyzerin-Nitrozellulose-Pulver, das auch Noble bei vielen Untersuchungen verwendet hat.[1] Der Durchmesser der Stäbe betrug 4,44 mm, die Ladedichte 0,1. Der Hohlraum der Bombe war genau kugelförmig und die Ladung darin gleichmäßig verteilt. Die quer durch das Bild laufenden Striche entsprechen den Zuständen nach erfolgter Verbrennung. Durch die Abkühlung der Pulvergase sinkt der Druck allmählich. Der Lichtpunkt läuft mit langsam kleiner werdender Ordinate immer wieder über die rotierende Trommel.

Solche ganz ruhig verlaufende Kurven wie diese erhält man aber nur bei kugelförmigem Explosionsgefäß. In einem an den Enden geschlossenen Rohr treten scheinbar Vibrationen auf (Fig. 42), die die Ausmessung der Kurve erschweren und besonders stark werden, wenn die Ladung einseitig gelagert ist. Es sind dies aber keine

[1] Es besteht aus etwa 30 Teilen Nitroglyzerin, 65 Teilen Nitrozellulose und 5 Teilen Vaselin.

Eigenschwingungen des Manometers, sondern wirklich Ungleichmäßigkeiten im Druckanstieg, ausgelöst durch im Rohr hin- und herlaufende

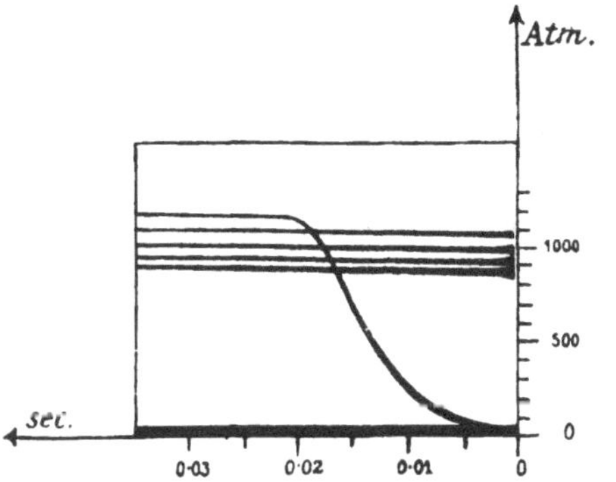

Fig. 41.

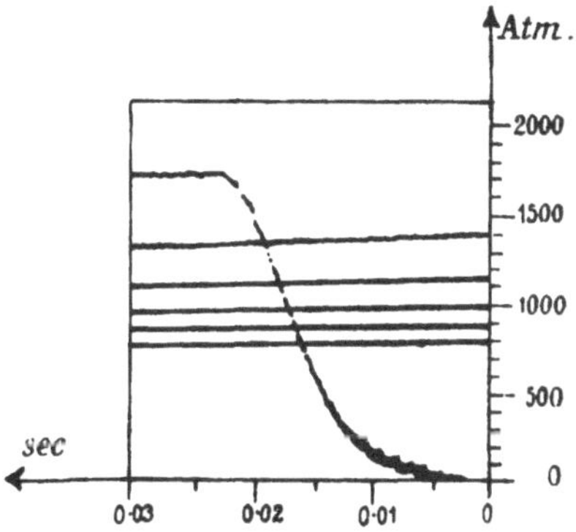

Fig. 42.

Druckwellen, die bei der Zündung entstehen, sich aber über längere Zeit erhalten können. So oft nämlich die Druckwelle die Ladung erreicht, wird die Verbrennungsgeschwindigkeit des Pulvers stoßweise größer und dadurch die Welle immer wieder gekräftigt.

Wir werden in § 19 auf die Ergebnisse dieser Messungen zurückkommen und haben darum hier das Verfahren ausführlicher beschrieben. Zur einwandfreien Bestimmung der Pulverkonstanten innerhalb der beim Schuß wirksamen Ladedichten (vgl. S. 112) ist es zweifellos dem Stauchverfahren überlegen.

Die Noble-Abelsche Gleichung gibt nicht nur den Enddruck, wie er nach der Verbrennung der ganzen Ladung von μ g erreicht wird, man kann aus ihr auch den Druck berechnen, der vorhanden ist, wenn erst der Bruchteil x der ganzen Ladung, also μx g verbrannt sind. Da in diesem Augenblick vom ganzen Volumen der Bombe V noch der Raumteil $\frac{\mu}{\varrho}(1-x)$ von unverbranntem Pulver ausgefüllt ist, entspricht der Druck dem zu einer Ladedichte

$$\delta = \frac{\mu x}{V - \frac{\mu}{\varrho}(1-x)} = \frac{\Delta x}{1 - \frac{\Delta}{\varrho}(1-x)} \text{ zugehörigem Enddruck.}$$

Er ist also:

$$p_x = \frac{f \Delta x}{1 - \frac{\Delta}{\varrho}(1-x) - \alpha \Delta x} \cdot$$

Die Anwendung beider Formeln setzt voraus, daß der Druck im geschlossenen Gefäß nur durch die Pulvergase veranlaßt wird, daß also ursprünglich Vakuum vorhanden ist; in der Tat wird für $x = 0$

auch $p = 0$. Das kann aber, genau genommen, schon deswegen nicht der Fall sein, weil die Pulver im Vakuum erfahrungsgemäß überhaupt nicht brennen. In der Regel wird ursprünglich Atmosphärendruck vorhanden sein; doch wird dieser Anfangsdruck durch die Zündung (Zündkapsel, Beiladung) nicht unwesentlich erhöht werden, ehe die eigentliche Ladung zu brennen anfängt. Keinesfalls geht es an, diesen Anfangsdruck zu vernachlässigen, wenn es sich um die Berechnung der zeitlichen Entwicklung des Drucks handelt, wie noch ausführlich begründet werden wird. Setzen wir ihn allgemein gleich p_0, so ist der Druck, nachdem die ganze Ladung verbrannt ist:

$$p_1 = p_0 + \frac{f\Delta}{1 - \alpha\Delta}$$

und nachdem der Bruchteil x verbrannt ist:

$$p_x = p_0 + \frac{f\Delta x}{1 - \frac{\Delta}{\varrho}(1 - x) - \alpha\Delta x} = \frac{p_0 + \frac{\Delta}{\varrho - \Delta}(p_0 - p_0\alpha\varrho + f\varrho)x}{1 + \frac{\Delta}{\varrho - \Delta}(1 - \alpha\varrho)x}$$

$$= \frac{p_0 + nx}{1 + mx},$$

wenn wir zur Abkürzung

$$n = \frac{\Delta}{\varrho - \Delta}(p_0 - p_0\alpha\varrho + f\varrho)$$

und

$$m = \frac{\Delta}{\varrho - \Delta}(1 - \alpha\varrho)$$

schreiben.

Dieser Ausdruck für p_x läßt sich aber außerordentlich vereinfachen, wenn man berücksichtigt, daß

$$\frac{n}{m} = p_0 + \frac{f\varrho}{1 - \alpha\varrho}$$

nichts anderes darstellt, als den der Ladedichte ϱ entsprechenden Enddruck. Es ist also $\frac{n}{m}$ der, übrigens während der ganzen Verbrennung unveränderlich herrschende Druck, der entstünde, wenn die Bombe lückenlos ganz mit Pulver gefüllt wäre. Dieser Druck ist um so viel größer als die höchsten der Messung zugänglichen Drucke, daß er als außerordentlich groß, also $\frac{m}{n}$ als sehr klein betrachtet werden kann. Es ist dann

$$p_x = \frac{\frac{p_0}{n} + x}{\frac{1}{n} + \frac{m}{n}x} = p_0 + nx,$$

d. h. der Druck steigt linear mit der verbrannten Pulvermenge.

Zu dem gleichen Ausdruck führt die bereits oben gemachte Annahme $\alpha = \frac{1}{\varrho}$. Es ist dann $m = 0$ und $n = \frac{\Delta f \varrho}{\varrho - \Delta} = \frac{f \Delta}{1 - \alpha \Delta} = p_1 - p_0$. Es ist also n gleich der durch das Verbrennen der ganzen Ladung erzielten Drucksteigerung.

§ 18. Die Druckentwicklung von Kolloidpulver in geschlossenem Gefäß.

Die Grundlage für die folgenden, in ähnlicher Weise bereits mehrfach ausgeführten Berechnungen bildet die Annahme, daß ein Pulverkörper in Parallelschichten verbrennt. Das hat für die Verbrennung in der Bombe Vieille 1893 aus der Proportionalität zwischen Verbrennungsdauer und Korndicke nachgewiesen. Weitere experimentelle Bestätigung liefert die Betrachtung unverbrannter Pulverreste, wie sie beim Schuß mit grobem Korn vor der Mündung und im Rohr gefunden werden. Die Pulverkörper erlöschen ohne ganz verbrannt zu sein beim Flug durch die Luft oder durch die plötzliche Entspannung der Pulvergase beim Austritt des Geschosses. Da zeigt es sich, daß die Verbrennung senkrecht zur Oberfläche ins Innere vor sich geht, so daß die Winkel erhalten bleiben. Würfel bleibt Würfel, Prisma bleibt Prisma, Zylinder bleibt Zylinder. Eine Röhre aus Pulver brennt gleichzeitig außen und innen ab, so daß die Summe der beiden Radien sich nicht ändert. Es sei erwähnt, daß die Dichte dieser Pulverreste nach Versuchen von Heydenreich[1] die gleiche ist, wie die des Pulvers vor dem Schuß. Es findet also nicht etwa Kompression des Korns über die Elastizitätsgrenze statt. Doch gilt das Abbrennen in Parallelschichten nur für Pulver, die homogen und frei von Poren sind, also für sorgfältig hergestellte, gelatinierte, rauchschwache Pulver, hingegen nicht für Pulverkörper, die etwa aus Schwarzpulver gepreßt sind. Auch gilt es nicht genau für jeden einzelnen Körper, wohl aber genügend im Mittel über die ganze Ladung.

Dieses Verhalten beweist zugleich, daß die Verbrennung so gut wie gleichzeitig auf der ganzen Pulveroberfläche beginnt. Die Entzündungsgeschwindigkeit kann man als sehr groß annehmen; denn wird die Ladung auch nur an einer Stelle gezündet, so werden die Flammengase rasch den freien Raum zwischen den einzelnen Pulverkörpern durchdringen, aus denen die Ladung besteht; und sollten sie an eine Stelle nicht gleich gelangen können, so wird dort die zwischen den Pulverkörpern vorhandene Luft durch adiabatische

[1] „Die Lehre vom Schuß", Berlin 1908, Bd. II, S. 24.

Kompression rasch auf so hohe Temperatur gebracht, daß sie die Entzündung einleitet, wie im pneumatischen Feuerzeug die des mit Äther getränkten Schwammes. Die zur Anfeuerung der Ladung verwendete „Beiladung" aus Schwarz- oder kolloidem Staubpulver, die so gut wie augenblicklich verbrennt, kann allein schon einen beträchtlichen Teil des hierzu nötigen Druckes liefern.

Ist einmal die Entzündung auf der ganzen Oberfläche erfolgt, so werden die einzelnen Pulverkörper vom Druck der von ihrer Oberfläche sich entwickelnden Gase getragen, frei schweben, ohne sich oder die Wände zu berühren. Hierdurch ist die Vorbedingung für das Abbrennen in Parallelschichten gegeben.

Mit der Verbrennung steigt aber zugleich der Druck im geschlossenen Gefäß und mit diesem die Verbrennungsgeschwindigkeit. Das Gesetz, nach welchem Verbrennungsgeschwindigkeit und Druck zusammenhängen, ist für alles Folgende von grundlegender Bedeutung. Wir werden zeigen können, daß die Annahme einfacher Proportionalität, also ein Ansatz $c = c_1 p$, den Versuchsergebnissen über den Druckanstieg in der Bombe vollkommen entspricht. Hierin ist c_1 die Zunahme der Verbrennungsgeschwindigkeit pro Atmosphäre, oder kurz gesagt, die Verbrennungsgeschwindigkeit beim Druck einer Atmosphäre, wobei aber nach den Ausführungen in § 16 dieser Wert sich keineswegs mit demjenigen deckt, der bei offener Verbrennung wirklich beobachtet wird.

Man pflegt sonst $c = c_1 p^{\lambda}$ zu setzen[1], gibt aber dem λ sehr verschiedene Werte. San Roberto nahm für Schwarzpulver auf Grund der früher erwähnten Versuche $\lambda = \frac{2}{3}$, desgleichen Vieille, Liouville und Gossot für die modernen Kolloidpulver; Rovel $\frac{1}{4}$, Roux und Sarrau, sowie Ingalls $\frac{1}{2}$, Castan 0,6, Jacob $\frac{3}{4}$, Centervall 0,9. Doch wurde, wie dies hier geschehen soll, auch oft $\lambda = 1$ gesetzt. Das haben Sébert und Hugoniot, Mata, Moisson, Wuich, Kaiser und Charbonnier getan.

Der Beweis für die einfache Proportionalität mit dem Druck ist natürlich nur in der Übereinstimmung der Rechnung mit der Erfahrung zu erblicken, wie sie im folgenden Paragraphen dargetan werden wird. Immerhin sei darauf hingewiesen, daß sie auch durch gaskinetische Betrachtungen gestützt werden kann, wofern man die Entzündungstemperatur des Pulvers als vom Druck unabhängig betrachtet. Denn die Verbrennungstemperatur ist in der Bombe insoweit konstant als die Verbrennungswärme in der kalorimetrischen Bombe

[1] Allgemein wäre es für die Rechnung bequemer, in eine Potenzreihe zu entwickeln.

bestimmt, von der Pulvermenge, also auch vom Druck nicht abhängt. Die Temperatur des noch nicht verbrannten Pulvers wird ebenfalls trotz der adiabatischen Kompression, die es erleidet, nur sehr wenig geändert. Das könnte fraglich erscheinen. Man kann aber diese Temperaturänderung thermodynamisch berechnen, wenn der Außendruck, wie hier, ein hydrostatischer ist. Hierzu benötigt man nur die Kenntnis des kubischen Ausdehnungskoeffizienten und der spezifischen Wärme des Pulvers. Für das bei den Versuchen in § 16 benutzte Pulver A betrugen diese Größen zwischen 0 und 40° C bzw. 0,0000411 und 0,317. Hiernach bewirkt eine adiabatische Drucksteigerung um 1000 Atm eine Temperatursteigerung um nur 0,5° C. Es ist gewiß gestattet anzunehmen, daß diese Temperatursteigerung auch für andere Pulversorten keinen nennenswerten Betrag erreicht. Endlich wird auch die Dichte des Pulvers trotz des hohen Druckes nicht wesentlich geändert, wie das aus der schon früher gemachten Bemerkung erhellt, daß hierbei keine Kompression über die Elastizitätsgrenze stattfindet. Dann ist aber nach der Betrachtung in § 5 der Wärmeübergang vom Pulvergas zum Pulver und weiter auch die Verbrennungsgeschwindigkeit der Zahl der aufprallenden Molekel und somit dem Druck proportional.

Unter dieser Annahme läßt sich jetzt die Dauer der Verbrennung des ganzen oder eines bestimmten Teiles der Ladung und damit auch der zeitliche Verlauf der Druckentwicklung berechnen, wenn man über die Form der Pulverkörper eine bestimmte Annahme macht. Es soll im folgenden die Betrachtung hauptsächlich auf den Fall beschränkt werden, daß der einzelne Pulverkörper beim Abbrennen in Parallelschichten sich ähnlich bleibt. Die dann möglichen Formen gliedern sich in drei Gruppen:

I. Das Blatt- oder Lamellenpulver, wofern seine Anfangsdicke $2s_0$ klein gegenüber den beiden Flächen ist, so daß das Abbrennen vom Rand her vernachlässigt werden kann. Alle Ladungselemente zusammen wirken wie eine einzige ausgedehnte Platte; s sei die jeweilige Entfernung der Begrenzungsflächen von der Mitte der Platte. Die gesamte Oberfläche wird bis zum Schluß durch das Abbrennen nicht verändert.

Dieselbe Eigenschaft hat übrigens auch eine aus langen Röhren bestehende Ladung. Hier bleibt zwar die Ähnlichkeit nicht gewahrt; aber die Summe aus dem äußeren und inneren Radius $R + r$ bleibt konstant und somit auch die Oberfläche. Wir können daher das Röhrenpulver zu dieser ersten Gruppe rechnen.

II. Das Stabpulver, dessen Querschnitt ein Kreis, ein Quadrat oder ein beliebiges reguläres Polygon ist, vorausgesetzt, daß die Stäbe so lang sind, daß das Abbrennen der Stirnflächen gegenüber dem der Mantelflächen nicht zu berücksichtigen ist; s sei hier der Radius oder die kürzeste Entfernung der Oberfläche von der Achse des Stabes.

III. Pulverkörper, deren Form eine Kugel, ein Würfel oder überhaupt ein reguläres Polyeder ist; s sei hier die kürzeste Entfernung der Oberfläche vom Mittelpunkt des Körpers.

Wir wollen im folgenden diese drei Gruppen von Pulverformen kurz als Blatt-, Stab- und Würfelpulver bezeichnen.

Die Rechnung stellt sich nun auf Grund der Beziehung

$$c = c_1 p_x = c_1 (p_0 + n x)$$

wie folgt:

I.

$$x = \frac{s_0 - s}{s_0} = 1 - \frac{s}{s_0}; \quad \frac{dx}{dt} = -\frac{1}{s_0}\frac{ds}{dt} = \frac{c}{s_0} = \frac{c_1}{s_0}(p_0 + n x).$$

Das gibt

$$t = \frac{s_0}{c_1}\int_0^x \frac{dx}{p_0 + n x} = \frac{s_0}{c_1}\frac{1}{n}\ln\left(1 + \frac{n}{p_0}x\right),$$

oder wenn

$$\frac{n}{p_0} = \frac{p_1 - p_0}{p_0}$$

groß und x nicht klein ist,

$$t = \frac{s_0}{c_1}\frac{1}{n}\ln\frac{n}{p_0}x.$$

Für die ganze Verbrennungsdauer erhält man mit $x = 1$

$$T = \frac{s_0}{c_1}\frac{1}{n}\ln\frac{n}{p_0}.$$

Hat das Pulver Röhrenform und sind R_0 und r_0 äußerer und innerer Radius beim Beginn der Verbrennung, so ist

$$x = \frac{R_0^2 - r_0^2 - (R^2 - r^2)}{R_0^2 - r_0^2} = 1 - \frac{R - r}{R_0 - r_0}$$

und

$$\frac{dx}{dt} = \frac{-\frac{dR}{dt} + \frac{dr}{dt}}{R_0 - r_0} = \frac{2c}{R_0 - r_0} = \frac{2c_1}{R_0 - r_0}(p_0 + n x).$$

Man hat also in den Formeln für t und T einfach s_0 durch $\frac{1}{2}(R_0 - r_0)$ zu ersetzen.

II.

$$x = \frac{s_0^2 - s^2}{s_0^2} = 1 - \left(\frac{s}{s_0}\right)^2,$$

$$\frac{dx}{dt} = -2\frac{s}{s_0^2}\frac{ds}{dt} = 2\frac{c_1}{s_0}(p_0 + nx)\frac{s}{s_0} = 2\frac{c_1}{s_0}(p_0 + nx)\sqrt{1-x}$$

und

$$t = \frac{s_0}{2c_1}\int_0^x \frac{dx}{(p_0 + nx)\sqrt{1-x}}.$$

Wir setzen

$$\sqrt{\frac{n}{p_0+n}(1-x)} = z,$$

also

$$x = 1 - \frac{p_0+n}{n}z^2, \qquad dx = -2\frac{p_0+n}{n}z\,dz.$$

Das gibt

$$\int \frac{dx}{(p_0+nx)\sqrt{1-x}} = \frac{1}{n}\sqrt{\frac{n}{p_0+n}}\int\frac{-2dz}{1-z^2} = -\frac{1}{n}\sqrt{\frac{n}{p_0+n}}\left\{\int\frac{dz}{1-z}\right.$$

$$\left.+\int\frac{dz}{1+z}\right\} = \frac{1}{n}\sqrt{\frac{n}{p_0+n}}\ln\frac{1-z}{1+z}.$$

Also

$$t = \frac{s_0}{c_1}\,\frac{1}{2n}\sqrt{\frac{n}{p_0+n}}\left|\ln\frac{1-\sqrt{\frac{n}{p_0+n}}\sqrt{1-x}}{1+\sqrt{\frac{n}{p_0+n}}\sqrt{1-x}}\right|_0^x$$

$$= \frac{s_0}{c_1}\,\frac{1}{2n}\sqrt{\frac{n}{p_0+n}}\ln\frac{\left(1-\sqrt{\frac{n}{p_0+n}}\sqrt{1-x}\right)\left(1+\sqrt{\frac{n}{p_0+n}}\right)}{\left(1+\sqrt{\frac{n}{p_0+n}}\sqrt{1-x}\right)\left(1-\sqrt{\frac{n}{p_0+n}}\right)}$$

oder, wenn wieder $\frac{n}{p_0}$ groß und x nicht klein ist:

$$\sqrt{\frac{n}{p_0+n}} = 1; \qquad \frac{1+\sqrt{\frac{n}{p_0+n}}}{1-\sqrt{\frac{n}{p_0+n}}} = \frac{1+\sqrt{1-\frac{p_0}{n}}}{1-\sqrt{1-\frac{p_0}{n}}} = \frac{4n}{p_0} - 1 = \frac{4n}{p_0}$$

und somit

$$t = \frac{s_0}{c_1}\,\frac{1}{2n}\ln\frac{4n}{p_0}\,\frac{1-\sqrt{1-x}}{1+\sqrt{1-x}},$$

$$T = \frac{s_0}{c_1}\,\frac{1}{2n}\ln\frac{4n}{p_0}.$$

III.

$$x = \frac{s_0^3 - s^3}{s_0^3} = 1 - \left(\frac{s}{s_0}\right)^3,$$

$$\frac{dx}{dt} = -3\frac{s^2}{s_0^3}\frac{ds}{dt} = 3\frac{c_1}{s_0}(p_0 + nx)\sqrt[3]{(1-x)^2}$$

und

$$t = \frac{s_0}{3c_1}\int_0^x \frac{dx}{(p_0 + nx)\sqrt[3]{(1-x)^2}}$$

Wir setzen

$$\sqrt[3]{\frac{n}{p_0+n}(1-x)} = z,$$

also

$$x = 1 - \frac{p_0+n}{n}z^3, \qquad dx = -3\frac{p_0+n}{n}z^2 dz.$$

Das gibt

$$\int\frac{dx}{(p_0+nx)\sqrt[3]{(1-x)^2}} = \frac{1}{n}\sqrt[3]{\left(\frac{n}{p_0+n}\right)^2}\int\frac{-3\,dz}{1-z^3}$$

und da

$$\int\frac{-3\,dz}{1-z^3} = \tfrac{1}{2}\ln\frac{(z-1)^2}{1+z+z^2} + \sqrt{3}\,\mathrm{arctg}\frac{2z+1}{-\sqrt{3}}$$

ist, folgt:

$$t = \frac{s_0}{c_1}\frac{1}{3n}\sqrt[3]{\left(\frac{n}{p_0+n}\right)^2}$$

$$\left\{\tfrac{1}{2}\ln\frac{\left[\sqrt[3]{\frac{n}{p_0+n}}\sqrt[3]{1-x}-1\right]^2\left(1+\sqrt[3]{\frac{n}{p_0+n}}+\sqrt[3]{\left(\frac{n}{p_0+n}\right)^2}\right)}{\left(1+\sqrt[3]{\frac{n}{p_0+n}}\sqrt[3]{1-x}+\sqrt[3]{\left(\frac{n}{p_0+n}\right)^2}\sqrt[3]{(1-x)^2}\right)\left[\sqrt[3]{\frac{n}{p_0+n}}-1\right]^2}\right.$$

$$\left.+\sqrt{3}\,\mathrm{arctg}\frac{1+2\sqrt[3]{\frac{n}{p_0+n}}\sqrt[3]{1-x}}{-\sqrt{3}} - \sqrt{3}\,\mathrm{arctg}\frac{1+2\sqrt[3]{\frac{n}{p_0+n}}}{-\sqrt{3}}\right\}$$

Nehmen wir wieder an, daß $\frac{n}{p_0}$ groß und x nicht zu klein ist, so wird

$$\sqrt[3]{\frac{n}{p_0+n}} = 1, \qquad \frac{1+\sqrt[3]{\frac{n}{p_0+n}}+\sqrt[3]{\left(\frac{n}{p_0+n}\right)^2}}{\left[\sqrt[3]{\frac{n}{p_0+n}}-1\right]^2} \doteq \frac{3}{\left[\sqrt[3]{1-\frac{p_0}{n}}-1\right]^2}$$

$$\doteq \frac{3}{\frac{1}{9}\left(\frac{p_0}{n}\right)^2} = 27\left(\frac{n}{p_0}\right)^2$$

und somit:

$$t = \frac{s_0}{c_1}\,\frac{1}{3n}\left\{\frac{1}{2}\ln 27\left(\frac{n}{p_0}\right)^2 \frac{(\sqrt[3]{1-x}-1)^2}{1+\sqrt[3]{1-x}+\sqrt[3]{(1-x)^2}} + \sqrt{3}\,\mathrm{arctg}\frac{1+2\sqrt[3]{1-x}}{-\sqrt{3}} - \sqrt{3}\,\mathrm{arctg}(-\sqrt{3})\right\},$$

$$T = \frac{s_0}{c_1}\,\frac{1}{3n}\left\{\frac{1}{2}\ln 27\left(\frac{n}{p_0}\right)^2 + \sqrt{3}\,\mathrm{arctg}\left(-\frac{1}{\sqrt{3}}\right) - \sqrt{3}\,\mathrm{arctg}(-\sqrt{3})\right\}$$

$$= \frac{s_0}{c_1}\,\frac{1}{3n}\left\{\frac{1}{2}\ln 27\left(\frac{n}{p_0}\right)^2 + \sqrt{3}\,\frac{\pi}{6}\right\}.$$

Die Formeln zeigen, wie sehr in allen drei Fällen die Geschwindigkeit des Druckanstiegs und die Brenndauer vom Wert des Anfangsdrucks p_0 abhängen.

§ 19. Prüfung an den Versuchen von Petavel.

Die Prüfung unserer Berechnung an Beobachtungsergebnissen kann wenigstens für den Fall II in befriedigender Weise vorgenommen

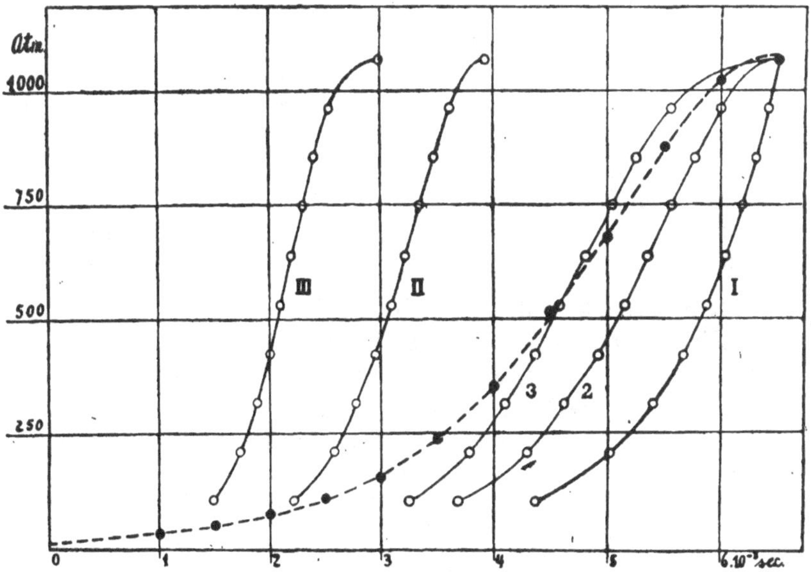

Fig. 43.

werden, da die oben erwähnten sorgfältigen Versuche von Petavel an Kordit die hierzu nötige Unterlage bieten.

In Übereinstimmung mit dem rechnerischen Ergebnis zeigt sich zunächst, wie auch schon bei Versuchen früherer Beobachter die

Brenndauer dem Durchmesser der verwendeten Stäbe proportional. Mit $\varrho = \frac{1}{\alpha} = 1{,}56$ berechnet Petavel aus den Enddrucken nach der Noble-Abelschen Formel $f = 10021 \frac{\text{Atm cm}^3}{\text{g}}$, was wir hier auf 10000 abrunden wollen. Setzt man dann $\varDelta = 0{,}1$, so erhält die Größe n den Wert 1069. Das ist die der Ladedichte 0,1 entsprechende und auch tatsächlich beobachtete Drucksteigerung. Für $\frac{s_0}{c_1}$ nehmen wir zunächst willkürlich den Wert 1 an und auch den Anfangsdruck p_0 setzen wir zunächst gleich 1 Atm. Läßt man dann x um je $^1/_{10}$ wachsen und berechnet einerseits mit $p_x = p_0 + n\,x$ den Druck, andererseits mittels der oben gegebenen Formeln die Zeit, so erhält man die folgenden Zahlenreihen, die in Fig. 43 dargestellt sind und den Zusammenhang zwischen Druck und Zeit für die drei betrachteten Pulverformen geben.

x	p Atm	I	II	III
0,1	107	0,00437 sec	0,00221 sec	0,00148 sec
2	214	502	258	172
3	321	540	278	187
4	428	567	295	199
5	535	588	309	209
6	642	605	321	219
7	749	619	333	229
8	856	632	346	239
9	963	643	360	253
1,0	1069	652	391	297

Es braucht für Blättchenpulver mehr, für Würfelpulver genau die Hälfte der ganzen Brenndauer, bis das erste Zehntel der Ladung verbrannt ist. Die weitere Verbrennung erfolgt aber sehr rasch, beim Blättchen verhältnismäßig rascher als beim Würfel. Man erkennt das besser, wenn man in den drei Fällen s_0 so wählt, daß die Brenndauern die gleichen werden ($s_{0\,\mathrm{I}} : s_{0\,\mathrm{II}} : s_{0\,\mathrm{III}} = 1 : 1{,}67 : 2{,}20$). Die Kurven I, 2 und 3 veranschaulichen jetzt den Verlauf.

Will man nun die für Stabpulver errechnete Kurve II oder 2 mit den Beobachtungsergebnissen Petavels vergleichen, so ist noch zu berücksichtigen, daß dort der Anfangsdruck nicht eine Atmosphäre betrug, wie wir das jetzt bei unserer Rechnung angenommen haben. Mit $p_0 = 1$ würde man wie andere Autoren, welche die mit dem Stauchapparat erhaltenen Kurven zu berechnen versuchten[1],

[1] R. Liouville, C. R. 140, 708 (1905).

dem Exponenten in der Formel $c = c_1 p^\lambda$ einen Wert < 1 geben müssen, um zwischen Rechnung und Beobachtung halbwegs Übereinstimmung zu erzielen. Es darf aber nicht übersehen werden, daß bei diesen Versuchen die eigentliche Ladung stets durch etwas Schwarzpulver gezündet wurde, und daß der durch diese Beiladung erzeugte Druck als Anfangsdruck in die Rechnung einzusetzen wäre. Petavel zündet nicht mit Schwarzpulver. Um sicher zu sein, daß die Verbrennung auf der ganzen Oberfläche der Ladung wirklich ganz gleichzeitig beginnt, verdrängt er die Luft in der Bombe durch Wasserstoff–Sauerstoff-Knallgas von Atmosphärendruck und zündet es auf elektrischem Wege. Die Geschwindigkeit der Verbrennung in diesem Gasgemisch ist so groß, daß sie praktisch überall gleichzeitig erfolgt und so jeder Stab, von brennendem Gas vollkommen umgeben, sich sofort über seine ganze Oberfläche entzünden muß. Es ist bemerkenswert, daß die Zündung mit feinem Schwarzpulver eine etwas andere und mit der Menge des Schwarzpulvers wechselnde Form der Druckkurve gibt, wie Petavel feststellt. Er ist geneigt, dies auf Rechnung der hier nicht überall gleichzeitig beginnenden Verbrennung zu setzen, doch dürfte die Ursache hauptsächlich im verschiedenen Anfangsdruck gelegen sein. Ist nämlich der durch die Zündung hervorgerufene Anfangsdruck auch gering gegenüber dem Enddruck von 1000 und mehr Atmosphären, so wird doch unter dem höheren Druck, der gleich zu Beginn im Raume herrscht, jetzt das erste Zehntel der Ladung weit früher verbrannt sein; die Brenndauer erscheint wesentlich verringert. Die Kurve wird von links her gekürzt erscheinen und erhält, auf gleiche Brenndauer bezogen, eine andere Form.

Petavel schätzt den Druck der Gasexplosion auf 10 Atm und das ist der gleiche Druck, wie ihn Bunsen und nach ihm andere Forscher für das Gasgemisch $2\,H_2 + O_2$ gefunden haben.

Setzt man also $p_0 = 10$ Atm und wählt s_0 wieder so, daß die Brenndauer die gleiche wird, wie im Fall I ($s_0 = 2{,}30\, s_{0\,\mathrm{I}}$), so gibt die gestrichelte Kurve den Druckanstieg, der nun erst unmittelbar mit den Beobachtungen Petavels (durch die Punkte bezeichnet!) verglichen werden kann (l. c. Versuch 59, Tafel IV, S. 392). Sie beziehen sich auf ein kugelförmiges Explosionsgefäß, gleichförmig verteilte Ladung, die gleiche Ladedichte 0,1, wie wir sie angenommen haben und auf Korditstäbe von 12,07 mm Durchmesser. Der Enddruck war nach 0,065 sec erreicht. Der Vergleichbarkeit halber wurde aber in der Zeichnung auch hier der Zeitmaßstab auf eine Brenndauer von 0,00652 sec reduziert. Die folgende Zusammenstellung ermöglicht die genauere Prüfung.

t sec	x	p ber.	p beob.	Diff.
0,010	0,024	35	34	+ 1
15	37	50	53	− 3
20	59	73	79	− 6
25	92	108	113	− 5
30	142	162	160	+ 2
35	217	242	244	− 2
40	323	356	357	− 1
45	465	507	521	− 14
50	635	689	684	+ 5
55	811	877	880	− 3
60	948	1023	1024	− 1
65	1,000	1079	1069	+ 10

Man wird zugeben müssen, daß die Übereinstimmung nichts zu wünschen übrig läßt, besonders wenn man bedenkt, daß für niedrige Drucke die Meßgenauigkeit prozentuell geringer wird. Über 113 Atm ist, einen Wert ausgenommen, die Abweichung kleiner als 1 v. H. Man wird umgekehrt in dieser Übereinstimmung eine ausgezeichnete Bestätigung der der Rechnung zugrunde gelegten Voraussetzungen erblicken müssen, vor allem der Annahme, daß die Verbrennungsgeschwindigkeit dem Druck einfach proportional ist.

Für c_1 berechnet man aus diesem Versuch mittels der für T entwickelten Formel den Wert 0,263 mm/sec Atm. Man kann dann leicht prüfen, ob die Rechnung auch die Abhängigkeit des Druckanstieges von der Ladedichte richtig wiedergibt, indem man die mittels dieses Wertes für die entsprechende Ladedichte berechnete Brenndauer mit der Zeit vergleicht, nach der in den anderen mitgeteilten Versuchen Petavels mit kugelförmigem Explosionsgefäß der Enddruck erreicht ist. Auch hierbei ist wieder $p_0 = 10$ Atm angenommen.

Versuch-Nr.	s_0 mm	Δ	T ber.	T beob.
57	0,445	0,0240	0,016 sec	0,014 sec
61	0,445	0,0744	0,006	0,008
56	2,220	0,0496	0,044	0,045
60	2,220	0,0990	0,023	0,022
55	6,045	0,0496	0,119	0,120

Die Übereinstimmung erscheint besonders befriedigend, wenn man berücksichtigt, daß die Druckkurve in der Nähe des Maximums zur Abszissenachse fast parallel wird und daher der für T beobachtete Wert nur mäßige Genauigkeit besitzt. Man wird vielleicht dem berechneten Wert hier sogar den Vorzug geben müssen. Damit soll natürlich keineswegs gesagt sein, daß die Theorie die Beobachtungen zu ersetzen vermag. Die Abweichungen, welche sich bei kleinen Ladedichten in den Druckwerten und bei Anwendung zylindrischer statt kugelförmiger Gefäße auch in der Brenndauer ergeben, sind sehr beträchtlich und bedürfen noch weiterer Untersuchung. Vor allem wird aber das Verfahren Petavels unter Verwendung kugelförmiger Explosionsgefäße auf andere Pulver anzuwenden sein, da es am geeignetsten erscheint, die für die Ballistik so wichtigen Pulverkonstanten f und c_1 genau zu bestimmen.

Der für die Verbrennungsgeschwindigkeit unter dem Druck 1 für Kordit erhaltene Wert von 0,26 mm/sec ist nur etwa ein Fünftel des an der Pulversorte A und etwa ein Drittel des an der Pulversorte B bei freier Verbrennung beobachteten Wertes. Das Mischungsverhältnis zwischen Nitroglyzerin und Nitrozellulose liegt in dem von Petavel verwendeten Kordit zwischen dem der Pulver A und B. Die aus der Drucksteigerung berechnete Verbrennungsgeschwindigkeit wird also von der bei freier Verbrennung beobachteten jedenfalls mehrfach übertroffen. Als einer der Gründe für diese Unstimmigkeit wurde bereits in § 16 das Versprühen des Pulvers unter Atmosphärendruck erkannt.

Es sei noch erwähnt, daß Petavel[1] selbst gemeinsam mit Lees eine Berechnung seiner Versuche durchgeführt hat, die sich von der hier gegebenen darin unterscheidet, daß $c = a + bp$ gesetzt, also eine lineare Abhängigkeit zwischen Verbrennungsgeschwindigkeit und Druck angenommen wird, was übrigens auch schon Wolff[2] getan hat. Außerdem wird für p_1 der Wert 1 eingeführt. Die Lösung führt auf Hyperbelfunktionen. Trotz Vermehrung der Zahl der Konstanten um eins werden die Beobachtungen nicht besser dargestellt als hier, d. h. bei Annahme einfacher Proportionalität unter Berücksichtigung des durch die Zündung verursachten Anfangsdruckes. Es liegt somit, wenigstens bei Drucken über 30 Atm, kein Grund vor a als von Null verschieden zu betrachten, wenn auch für niedrige Drucke die lineare Substitution berechtigter sein könnte.

§ 20. Erläuterungen zur Form der Druckkurve in den drei betrachteten Fällen.

Beim Blattpulver bleibt die brennende Oberfläche konstant, und da die Verbrennungsgeschwindigkeit mit dem Druck ansteigt, wächst

[1] Proc. R. S. London (A) 79, 277 (1907). [2] Kriegstechn. ZS. 6, 3 (1903).

auch die Drucksteigerung $\frac{dp}{dt}$ bis ans Ende der Kurve. Hingegen zeigen die für Stab- und Würfelpulver erhaltenen Kurven II und III am oberen Ende eine Verbiegung, also vorher einen Wendepunkt, was sich aus der Bemerkung erklärt, daß bei ihnen die brennende Oberfläche gegen das Ende der Verbrennung zu rasch abnimmt. Hier sinkt zum Schluß die Drucksteigerung auf Null, die Kurve erhält eine zur Abszisse parallele Tangente. Das wird durch die folgenden einfachen Rechnungen näher ausgeführt:

I.

Hier ist

$$\frac{dx}{dt} = \frac{c_1}{s_0}(p_0 + nx), \quad p_x = p_0 + nx, \quad \frac{dp_x}{dt} = n\frac{dx}{dt},$$

also

$$\frac{dp_x}{dt} = \frac{c_1}{s_0} n p_x.$$

Für den Anfang der Kurve ist

$$\left(\frac{dp_x}{dt}\right)_{p_x = p_0} = \frac{c_1}{s_0} n p_0$$

und für das Ende

$$\left(\frac{dp_x}{dt}\right)_{p_x = p_1} = \frac{c_1}{s_0} n p_1 = \frac{c_1}{s_0} n(n + p_0).$$

Das ist zugleich der höchste Wert.

II.

Hier ist

$$\frac{dx}{dt} = 2\frac{c_1}{s_0}(p_0 + nx)\sqrt{1 - x},$$

also

$$\frac{dp_x}{dt} = 2\frac{c_1}{s_0} n p_x \sqrt{1 - \frac{p_x - p_0}{n}} = 2\frac{c_1}{s_0}\sqrt{n}\, p_x \sqrt{p_1 - p_x}.$$

Für den Anfang der Kurve ist

$$\left(\frac{dp_x}{dt}\right)_{p_x = p_0} = 2\frac{c_1}{s_0} n p_0,$$

d. h. doppelt so groß als im Fall I, und für das Ende

$$\left(\frac{dp_x}{dt}\right)_{p_x = p_1} = 0.$$

Dazwischen liegt ein Wendepunkt, dessen Ordinate p_i aus

$$\frac{d^2 p_x}{dt^2} = 0,$$

also

$$\sqrt{p_1 - p_i} - \frac{p_i}{2\sqrt{p_1 - p_i}} = 0$$

berechnet werden kann. Es ergibt sich $p_i = \frac{2}{3} p_1$.

III.

Hier ist

$$\frac{dx}{dt} = 3\frac{c_1}{s_0}(p_0 + nx)\sqrt[3]{(1-x)^2},$$

also

$$\frac{dp_x}{dt} = 3\frac{c_1}{s_0} n p_x \sqrt[3]{\left(1 - \frac{p_x - p_0}{n}\right)^2} = 3\frac{c_1}{s_0}\sqrt[3]{n}\, p_x \sqrt[3]{(p_1 - p_x)^2}.$$

Es ist somit

$$\left(\frac{dp_x}{dt}\right)_{p_x = p_0} = 3\frac{c_1}{s_0} n p_0,$$

d. h. dreimal so groß als im Fall I und

$$\left(\frac{dp_x}{dt}\right)_{p_x = p_1} = 0.$$

Der Druck im Wendepunkt ergibt sich aus

$$\sqrt[3]{(p_1 - p_i)^2} - \frac{2}{3}\frac{p_i}{\sqrt[3]{p_1 - p_i}} = 0$$

zu

$$p_i = \frac{3}{5} p_1.$$

Der größte Druckanstieg $\left(\frac{dp_x}{dt}\right)_m$ liegt, wie schon gesagt, im Fall I am Ende der Kurve und hat, wenn wir p_0 gegen n als klein annehmen, also $n = p_1$ setzen, den Wert

$$\left(\frac{dp_x}{dt}\right)_m = \frac{c_1}{s_0} p_1^2.$$

Unter der gleichen Voraussetzung erhalten wir leicht durch Einsetzen der Ordinate des Wendepunktes in den Ausdruck $\frac{dp_x}{dt}$ für den Fall II:

$$\left(\frac{dp_x}{dt}\right)_m = \frac{4}{3\sqrt{3}}\frac{c_1}{s_0} p_1^2 = 0,75\frac{c_1}{s_0} p_1^2,$$

und für den Fall III:

$$\left(\frac{dp_x}{dt}\right)_m = \frac{9}{5}\sqrt[3]{\frac{4}{25}}\frac{c_1}{s_0} p_1^2 = 0,98\frac{c_1}{s_0} p_1^2.$$

§ 21. Die Bewegung des Geschosses im Rohr der Feuerwaffe während der Verbrennung des Pulvers.

Es wird im folgenden versucht, die Hauptaufgabe der sogenannten „inneren Ballistik“ zu lösen, und zwar unter Berücksichtigung von so viel Nebenumständen als dies möglich ist, ohne daß die Lösung aufhört geschlossen zu sein. Was den allgemeinen Gang der Rechnung betrifft, so kann hierzu eine Abhandlung von Wuich[1] sowie der Artikel „Ballistik“ von Cranz in der Enzyclopädie der mathematischen Wissenschaften[2] verglichen werden. Zweifellos am erfolgreichsten haben sich aber auf diesem Gebiet eine Reihe von französischen Autoren[3] betätigt, welche jedoch, im Gegensatz zu dem hier eingeschlagenen Verfahren, der Lösung die Form mehr oder weniger konvergenter Reihen geben.

Berücksichtigt werden von Nebenumständen im folgenden der Druck, den das Abbrennen des Zündmittels und der Beiladung erzeugt (*A*), sowie der Druck, der sich ausbilden muß, ehe das Geschoß gegen den Anfangswiderstand seine Bewegung beginnt (*B*); ferner die zur Überwindung dieses Anfangswiderstandes zu leistende Arbeit (*C*), sowie die Arbeit, welche zur Erzeugung der Rotationsenergie des Geschosses (*D*) und für den Rückstoß (*E*) verbraucht wird, endlich genähert die kinetische Energie der Pulvergase (*F*).[4]

Nicht berücksichtigt werden vor allem die Wärmeverluste an das Rohr, der Luftdruck und Luftwiderstand, sowie die Reibung des Geschosses im Rohr nach erfolgtem Einschneiden der Felder in das Führungsband. Von diesen Vernachlässigungen wird aber nur die erste, und zwar besonders beim Schuß mit geringer Ladedichte oder grobem Korn größere Fehler veranlassen können. Wenn nötig, dürfte es nicht zu schwer sein, auch sie genähert zu berücksichtigen, wobei die Erfahrungen über die Abkühlung der Pulvergase in der Bombe und die der Explosionsprodukte im Zylinder des Gasmotors zu Rate zu ziehen sein werden. Was die anderen Vernachlässigungen betrifft, so ist deren Einführung nach allem, was man darüber weiß, gestattet. Sollte aber die erreichte Annäherung doch nicht genügen, so steht

---

[1] Mitt. über Gegenst. d. Artill. u. Geniewesens **25**, 589 (1894).

[2] Band IV, 2; Heft 2 (1903).

[3] Die Literaturangaben finden sich in den Bemerkungen von Gossot und Liouville zum Artikel von Cranz in der französischen Ausgabe der Enzyclopädie (1913).

[4] Diese Buchstaben sind im folgenden bei den Stellen am Rand verzeichnet, wo die betreffenden Korrekturen eingeführt werden.

nichts im Wege, sie derart zu berücksichtigen, daß man die unten für die ganze Rohrlänge ausgeführte Rechnung schrittweise für einzelne Rohrstücke durchführt und hierbei die in jedem Rohrstück auftretenden Widerstände als Anfangswiderstand behandelt. Keineswegs ist die ganze Aufgabe so verwickelt, daß sich nicht auch ohne Einführung anderer, als physikalisch genau definierter und der Messung unmittelbar zugänglicher Konstanten eine den praktischen Bedürfnissen entsprechende Theorie geben ließe. Es wird an der Erfahrung zu prüfen sein, wie weit dies hier schon gelungen ist.

Die Lösung unserer Aufgabe erfolgt durch die Vereinigung dreier Beziehungen, welche wir kurz als die Verbrennungsgleichung, die Bewegungsgleichung und die Druckgleichung bezeichnen wollen.

Als Verbrennungsgleichung bezeichnen wir die Beziehung, welche den Zusammenhang zwischen Druck und Verbrennungsgeschwindigkeit darstellt. Ist s die an irgendeiner Stelle der Oberfläche des Pulverkorns nach außen errichtete Normale, so gilt nach den Darlegungen des vorhergehenden Paragraphen allgemein für Kolloidpulver

$$(1) \qquad c = -\frac{ds}{dt} = c_1 p,$$

worin c_1 die Verbrennungsgeschwindigkeit unter dem Druck 1 bezeichnet.

Die Bewegungsgleichung gibt den Zusammenhang zwischen Druck und Beschleunigung des Geschosses. Bei ihrer Aufstellung können wir bereits die unter D und E erwähnten Arbeitsbeträge berücksichtigen.

Bezeichnet q den Querschnitt des Rohrs, M' die Masse des Geschosses und ζ' seine Geschwindigkeit, so lautet unter Vernachlässigung des Luftdrucks die Bewegungsgleichung

$$\frac{d\zeta'}{dt} = \frac{q}{M'}\,p.$$

Sie gilt strenge für den Schuß in den luftleeren Raum, kann aber ganz unbedenklich auch für den Schuß in die Atmosphäre angewendet werden, da der Druck der Pulvergase selbst in den ersten Bewegungszuständen so groß ist, daß der Luftdruck ihm gegenüber zu vernachläßigen ist.

Zur Masse des Geschosses wird aber zunächst noch die Trägheitsmasse zu rechnen sein, welche das Geschoß der ihm durch den Drall aufgezwungenen Drehbewegung entgegensetzt. Je nach den Drallverhältnissen wird diese Trägheitsmasse verschieden groß sein. Wir setzen konstanten Drall voraus; denn ist er veränderlich, so wird es genügen mit einem Mittelwert zu rechnen. Es ist dann das Verhältnis zwischen Translations- und Rotationsenergie während der ganzen Bewegung des Geschosses im Rohr ein konstantes.

Bezeichnet α den Drallwinkel, r den Radius und K das Trägheitsmoment des Geschosses, so ist $\omega = \frac{\zeta'}{r} \operatorname{tg} \alpha$ die Winkelgeschwindigkeit und die Rotationsenergie $U_R = \frac{1}{2} K \omega^2 = \frac{1}{2} K \frac{\zeta'^2 \operatorname{tg}^2 \alpha}{r^2}$. Die zugehörige Translationsenergie ist durch $U_T = \frac{1}{2} M' \zeta'^2$ gegeben. Die Energiesumme ist $U_T + U_R = U_T \left(1 + \frac{U_R}{U_T}\right) = \frac{1}{2} M' \zeta'^2 \left(1 + \frac{K}{M'} \frac{\operatorname{tg}^2 \alpha}{r^2}\right)$ d. h. die Masseneinheit des Geschosses erscheint infolge der Drallwirkung um so viel erhöht, als das Verhältnis zwischen Rotations- und Translationsenergie ausmacht. M' sei für das Folgende schon die um diesen Betrag erhöhte Masse des Geschosses.

Einfach durch Veränderung der Masse ist auch der Teilbetrag der vom Pulver entwickelten Energie zu berücksichtigen, welcher durch den Rückstoß verloren geht. Ist M'' die Masse des beweglichen Teils und ζ'' seine in entgegengesetzter Richtung wie ζ' gezählte Geschwindigkeit, so gilt gemäß der Bewegungsgleichung

$$\frac{d\zeta''}{dt} = \frac{q}{M''} p.$$

Somit ist auch

$$\frac{d(\zeta' + \zeta'')}{dt} = q p \left(\frac{1}{M'} + \frac{1}{M''}\right).$$

Die Summe $\zeta' + \zeta'' = \zeta$ bedeutet nichts anderes als die Relativgeschwindigkeit des Geschosses gegen das Rohr und

$$\frac{1}{\frac{1}{M'} + \frac{1}{M''}} = \frac{M' M''}{M' + M''} = M$$

die „relative" Masse. Führen wir diese Größen ein, so lautet jetzt die Bewegungsgleichung

$$\frac{d\zeta}{dt} = \frac{q}{M} p. \tag{2}$$

Selbstverständlich ist auch im später (in der Druckgleichung) einzuführenden Ausdruck für die lebendige Kraft die Masse in gleicher Weise gegeben. Nach dem Satz von der Erhaltung des Schwerpunktes ist nämlich einerseits $M' \zeta' = M'' \zeta''$, also

$$\zeta = \zeta' + \zeta'' = \zeta' \left(1 + \frac{M'}{M''}\right),$$

andererseits ist die gesammte Energie gleich

$$\frac{1}{2} M' \zeta'^2 + \frac{1}{2} M'' \zeta''^2 = \frac{1}{2} M' \zeta' \left(\zeta' + \frac{M'' \zeta''}{M' \zeta'} \zeta''\right) = \frac{1}{2} M' \zeta' (\zeta' + \zeta'') = \frac{1}{2} \frac{M' M''}{M' + M''} \zeta^2.$$

Es ist also auch hier die wirksame Masse durch den Ausdruck $\frac{M' M''}{M' + M''} = M$ gegeben. Nur darf man, wenn die Energie des Rückstoßes in dieser Weise berücksichtigt wird, nicht außer acht lassen, daß die in der Bewegungsgleichung 2 enthaltene Geschoßgeschwindigkeit nunmehr die Geschwindigkeit des Geschosses gegen das Rohr bedeutet, also die Summe aus der Geschoßgeschwindigkeit gegen die Umgebung und der Geschwindigkeit des Rücklaufes darstellt. Solange sich das Geschoß im Rohr bewegt, wird es gewiß zweckmäßig sein, in der Rechnung an diesem Bezugssystem festzuhalten, also den Geschoßweg z von einer bestimmten Stelle des Rohres aus zu zählen. Wenn es sich aber um die Angabe der Mündungsgeschwindigkeit handelt, die doch stets auf die Umgebung bezogen wird, so ist von der so errechneten Geschwindigkeit die des Rücklaufs abzuziehen, d. h. es ist auf ζ' zurückzugehen, was durch Division mit $1 + \frac{M'}{M''}$ geschieht.

Daß bei allen modernen Geschützen der Rücklauf durch hydraulische oder Federbremsung gehemmt wird, kommt für den allerersten Teil der Rücklaufbewegung nicht in Betracht. Ehe diese Hemmung merklich wirkt, hat das Geschoß längst das Rohr verlassen. Wir können rechnen, als ob die Bremsung nicht bestünde.

Die Druckgleichung endlich ist die dritte grundlegende Beziehung. Sie gibt den im Rohr herrschenden Druck in seiner Abhängigkeit vom Weg und der Geschwindigkeit des Geschosses sowie von der verbrannten Pulvermenge. In von der hier gewählten etwas abweichender Form wurde sie schon 1864 von Résal[1] aufgestellt.

Es empfiehlt sich, den Geschoßweg z nicht vom Geschützboden aus zu zählen. Wir denken uns vielmehr dort die ganze Ladung vom Volumen φ und der Dichte ϱ, also von der Masse $\varphi \varrho = \mu$ ohne jeden Zwischenraum den ganzen Querschnitt füllend aufgehäuft und zählen z von der Begrenzungsfläche dieses Raumes. Es sei z_0 die so bestimmte Lage des Geschoßbodens zu Beginn der Bewegung. Setzen wir dann, wie in den vorhergehenden Paragraphen wieder voraus, daß das Kovolumen des Pulvergases α gleich dem spezifischen Volumen des Pulvers, daß also $\alpha = \frac{1}{\varrho}$ ist, eine Annahme, die wie oben ausgeführt wurde, mindestens solange erlaubt ist, als die Ladedichte klein bleibt, so können wir von der Vergrößerung des Volumens hinter dem Geschoß durch den infolge der Verbrennung des Pulvers

[1] Recherches sur le mouvement des projectiles dans les armes à feu, Gauthier-Villars, Paris 1864.

freiwerdenden Raum absehen und zugleich das Pulvergas als ideales Gas behandeln; denn das Kovolumen der entwickelten Pulvergase, das in den Gasdruckformeln vom Volumen hinter dem Geschoß abzuziehen ist, ist dann jeweils genau ebensogroß, wie die Zunahme des Volumens um den durch das Verbrennen des Pulvers freiwerdenden Raum. Diese Annahme könnte dem Bedenken begegnen, daß beim Schuß auch große Ladedichten verwendet werden. Doch darf nicht übersehen werden, daß zufolge der Bewegung des Geschosses während der Verbrennung des Pulvers, der Maximaldruck einer weit geringeren Ladedichte entspricht, als der anfänglichen.[1] Der Druck muß aber unter allen Umständen innerhalb der durch die Festigkeit des Rohres gegebenen Grenzen bleiben.

Die Zustandsänderung der Pulvergase, längs welcher die Beschleunigungsarbeit geleistet wird, betrachten wir unter Vernachlässigung der Wärmeverluste an das Rohr als rein adiabatisch. Ist an der Stelle z von der ganzen Pulvermasse μ der Teil $x\mu$ verbrannt, so darf aber der Druck für diese Stelle nicht einfach aus der Adiabatengleichung berechnet werden, wie dies bisher von allen deutschen Autoren geschehen ist, indem man sich einfach die ganze bei z vorhandene Pulvergasmenge vom Volumen $q z_0$ auf das Volumen $q z$ adiabatisch entspannt dachte; denn da sich das Pulvergas auf dem Wege zwischen z_0 und z erst entwickelt, leistet es weniger Arbeit und sinkt somit auch der Druck um weniger, als sich nach dieser Berechnung ergeben würde. Wuich versucht die Darstellung mittels einer Polytrope, deren Exponent zwischen 1 und $\frac{c_p}{c_v} = \varkappa$ liegt, was aber ebenfalls nicht gerechtfertigt erscheint.

Ist c_v die im Arbeitsmaß gemessene spezifische Wärme des Pulvergases bei konstantem Volumen, so wäre, wenn T'' die Verbrennungstemperatur bedeutet, die Energie des bei z im ganzen vorhandenen Pulvergases gleich $x\mu c_v T''$. Weil aber aus diesem Energiebetrag das Geschoß die lebendige Kraft $\frac{1}{2} M \zeta^2$ erhalten hat und zum Einschneiden des Führungsbandes oder Ringes eine gewisse Arbeit λ geleistet wurde, ist die Temperatur des Gases auf T gesunken, wo sich T aus der Gleichung bestimmt:

$$x\mu c_v T = x\mu c_v T' - \tfrac{1}{2} M \zeta^2 - \lambda . \tag{3a}$$

Durch Einsetzen von T in die Gasgleichung $p V = n R T$ oder $p q z = x \mu R T$ erhält man

[1] Beim modernen Geschütz entsprechen anfänglichen Ladedichten bis zu 0,5 wirksame Ladedichten von rund 0,2.

$$p q z = x \mu R T'' - \frac{1}{2} \frac{M R}{c_v} \zeta^2 - \frac{R}{c_v} \lambda .$$

Schreibt man endlich für $R T''$ wieder f und berücksichtigt, daß $R = c_p - c_v$, also $\frac{R}{c_v} = \varkappa - 1$ ist, so wird:

$$p q z = x \mu f - \frac{1}{2} M(\varkappa - 1) \zeta^2 - (\varkappa - 1) \lambda$$

oder

$$p = \frac{M}{q z} \left[\frac{x \mu}{M} f - \frac{1}{2} (\varkappa - 1) \zeta^2 - (\varkappa - 1) \frac{\lambda}{M} \right] . \tag{3}$$

Bei der Ableitung dieser Gleichung wurde c_v im Temperaturbereich T bis T'' als konstant angenommen und dasselbe wurde auch bezüglich der Größe $\varkappa$ vorausgesetzt. Man wird mit Mittelwerten zu rechnen haben. Doch sind natürlich c_v und $\varkappa$, soweit die Pulvergase der Gleichung $p(v - \alpha) = f$ genügen, also keine Kohäsion zeigen, ausschließlich von der Temperatur abhängig. Die Energie ist reine Temperaturfunktion und es ist $c_p - c_v = R$, wie beim idealen Gas.

Aus der Verbrennungsgleichung und der Bewegungsgleichung ergeben sich durch Integration über eine beliebige Zeit τ die beiden Gleichungen

$$s_0 - s = c_1 \int_0^\tau p \, d t \quad \text{und} \quad \zeta = \frac{q}{M} \int_0^\tau p \, d t,$$

wobei s_0 den Wert bezeichnet, den s zur Zeit Null hat, und weiter selbstverständlich angenommen wird, daß das Geschoß anfangs ruht. Aus der Verbindung beider Gleichungen folgt

$$\zeta = \frac{q}{M} \frac{s_0 - s}{c_1} .$$ [1]

Die Dicke der verbrannten Pulverschichte $s_0 - s$ ist also für jede Pulverform der jeweiligen Geschwindigkeit des Geschosses einfach proportional, oder, anders ausgedrückt, im selben Maße, in welchem die Bewegungsgröße und damit die Geschwindigkeit des Geschosses wächst, dringt gleichzeitig die Verbrennung gegen das Innere der Pulverkörper vor. Dieser Satz ist auch unmittelbar einleuchtend, wenn man bedenkt, daß sowohl die Beschleunigung, welche das Geschoß erfährt, als auch die Geschwindigkeit, mit der

[1] Man könnte diese Beziehung benutzen, um beim Schuß mit zu grobem Korn aus der Mündungsgeschwindigkeit und der an den Pulverresten ermittelten Dicke der verbrannten Schichte die Konstante c_1 wenigstens genähert zu bestimmen.

das Pulver verbrennt, dem Druck proportional sind, also jede Veränderung des Drucks, woher und in welcher Form sie auch kommen mag, in gleicher Weise den Geschwindigkeitszuwachs des Geschosses und die Geschwindigkeit der Verbrennung regelt. In der Tat wurde er schon von Sébert und Hugoniot[1], den ersten, welche die Verbrennungsgeschwindigkeit dem Druck proportional setzten, als Folge dieser Annahme erkannt.

Mit $s = 0$ gibt der letzte Ausdruck die Geschwindigkeit, welche das Geschoß in dem Augenblick ($t = t_1$) und an der Stelle ($z = z_1$) besitzt, wo das Pulver eben vollkommen verbrannt ist. Es ist diese Geschwindigkeit

$$\zeta_1 = \frac{q}{M} \frac{s_0}{c_1}. \tag{4}$$

Von dieser Zeit und Stelle ab erfolgt die weitere Beschleunigung des Geschosses unter dem Einfluß der bereits völlig in Gas aufgelösten Pulverladung nach den einfachen Formeln, wie sie durch die Arbeitsleistung längs der Adiabate eines Gases gegeben sind und im folgenden Paragraphen entwickelt werden (zweite Periode der Bewegung).

Es kann überraschen, daß hiernach die Geschwindigkeit des Geschosses während der ersten Periode der Bewegung von der Menge des verbrannten Pulvers und der Ladedichte unabhängig erscheint. Sind die Querschnittsbelastung $\frac{M}{q}$ und die Anfangsgröße des Pulverkorns bestimmt vorgegeben, so hat das Geschoß im Augenblick, wo das Pulver verbrannt ist, eine ganz bestimmte Geschwindigkeit, unabhängig von der Zahl der vorhandenen Pulverkörper, also der Größe der Ladung, unabhängig von der Ladedichte und auch unabhängig vom Anfangsdruck, der zu Beginn im Laderaum herrschte. Um das zu verstehen, muß man beachten, daß diese Geschwindigkeit je nach den Verhältnissen in sehr verschiedener Zeit erreicht wird. Ist z. B. die Ladung das eine Mal groß, das andere Mal bei gleicher Größe des Pulverkorns klein, so wird in jenem Fall natürlich weit mehr Druck entwickelt als in diesem; dafür ist aber bei großer Ladung die Verbrennung gerade um so viel rascher vollendet als bei kleiner, daß das Zeitintegral des Drucks, das allein die Bewegungsgröße bestimmt, in beiden Fällen gleich groß ist.

---

[1] Mémorial de l'artillerie de la marine 10, 128 (1882).

Wir wollen im folgenden wie im vorhergehenden Paragraphen wieder die drei Pulverformen betrachten, die wir dort kurz als Blatt- oder Röhrenpulver (I), Stabpulver (II) und Würfelpulver (III) bezeichnet haben. Man erhält aus der Verbrennungs- und Bewegungsgleichung bei Beachtung der Beziehung 4 in den drei Fällen:

I.

$$x = 1 - \frac{s}{s_0}, \qquad \frac{dx}{dt} = -\frac{1}{s_0}\frac{ds}{dt} = \frac{c_1}{s_0} p, \qquad p = \frac{s_0}{c_1}\frac{dx}{dt}.$$

Also:

$$\frac{d^2 x}{dt^2} = \frac{d\zeta}{dt} = \frac{q}{M}\frac{s_0}{c_1}\frac{dx}{dt}, \qquad \zeta = \frac{q}{M}\frac{s_0}{c_1} x + K = \zeta_1 x + K.$$

Die Geschwindigkeit ist der verbrannten Pulvermenge proportional.

II.

$$x = 1 - \left(\frac{s}{s_0}\right)^2, \quad \frac{dx}{dt} = -2\frac{s}{s_0^2}\frac{ds}{dt} = 2\frac{c_1}{s_0} p\sqrt{1-x}, \quad p = \frac{s_0}{2c_1}\frac{1}{\sqrt{1-x}}\frac{dx}{dt}.$$

Also:

$$\frac{d^2 x}{dt^2} = \frac{q}{M}\frac{s_0}{2c_1}\frac{1}{\sqrt{1-x}}\frac{dx}{dt}, \quad \zeta = \frac{q}{M}\frac{s_0}{2c_1}\int\frac{dx}{\sqrt{1-x}} = -\zeta_1\sqrt{1-x} + K.$$

III.

$$x = 1 - \left(\frac{s}{s_0}\right)^3; \quad \frac{dx}{dt} = -3\frac{s^2}{s_0^3}\frac{ds}{dt} = 3\frac{c_1}{s_0} p(1-x)^{2/3},$$

$$p = \frac{s_0}{3c_1}(1-x)^{-2/3}\frac{dx}{dt}.$$

Also:

$$\frac{d^2 x}{dt^2} = \frac{q}{M}\frac{s_0}{3c_1}(1-x)^{-2/3}\frac{dx}{dt},$$

$$\zeta = \frac{q}{M}\frac{s_0}{3c_1}\int(1-x)^{-2/3}\,dx = -\zeta_1\sqrt[3]{1-x} + K.$$

Die Integrationskonstante K wird im Fall I gleich Null, in den Fällen II und III gleich ζ_1, wenn man annimmt, daß Geschoßbewegung und Verbrennung gleichzeitig beginnen; denn dann müssen x und ζ gleichzeitig Null sein. Doch beginnt tatsächlich das Geschoß seine Bewegung nicht in dem Augenblick, wo das Pulver zu brennen anfängt. Es bedarf zum Einschneiden der Felder in das Führungsband eines gewissen Anfangsdrucks, der bei der üblichen Kupferführung recht beträchtlich ist. Auch wird durch das Zündungsmittel (Kapsel, Zündschraube, Beiladung), das so gut wie augenblicklich abbrennt, ein gewisser Anfangsdruck hervorgerufen. Überhaupt geht es natürlich auch hier nicht an den Anfangsdruck p_0, und wenn es selbst nur der Luftdruck wäre, zu vernachlässigen, da sonst, wie im geschlossenen Gefäß die Schußdauer als unendlich groß berechnet würde.

Es sollen die einzelnen Summanden (Luftdruck, Druck der Zündung und Beiladung, Druck zur Überwindung des Anfangswiderstandes) hier nicht einzeln unterschieden werden, da dies zunächst nicht nötig ist. Jedenfalls können wir uns aber den Anfangsdruck durch Abbrennen eines gewissen Bruchteils x_0 der Ladung entstanden denken, die, soweit es sich um das Ersetzen des Drucks der Zündung oder des Luftdrucks handelt, einfach um den zur Herstellung dieses Drucks nötigen Betrag vergrößert zu denken ist.

Die Konstante K bestimmt sich dann aus der Bemerkung, daß zu Beginn der Bewegung des Geschosses, also für $\zeta = 0$, schon etwas Pulver verbrannt, $x = x_0$, ist.

Führt man diese Bestimmung durch und löst die Gleichungen nach x auf, so ergibt sich:

$$(5)\quad \begin{cases} \text{I.} \quad \zeta = \zeta_1 (x - x_0), & x = x_0 + \frac{\zeta}{\zeta_1}. \\ \text{II.} \quad \zeta = \zeta_1 \left(\sqrt{1 - x_0} - \sqrt{1 - x}\right), & x = x_0 + 2\sqrt{1 - x_0}\,\frac{\zeta}{\zeta_1} - \left(\frac{\zeta}{\zeta_1}\right)^2. \\ \text{III.} \quad \zeta = \zeta_1 \left(\sqrt[3]{1 - x_0} - \sqrt[3]{1 - x}\right), & x = x_0 + 3\sqrt[3]{(1 - x_0)^2}\,\frac{\zeta}{\zeta_1} \\ & \qquad - 3\sqrt[3]{1 - x_0}\left(\frac{\zeta}{\zeta_1}\right)^2 + \left(\frac{\zeta}{\zeta_1}\right)^3. \end{cases}$$

Es ist aber hierin ζ_1, wie es aus Gleichung 4 bestimmt wird, nicht mehr die Geschwindigkeit im Augenblick, wo das ganze Pulver verbrannt ist; diese Geschwindigkeit ζ_1', welche sich freilich im allgemeinen nicht sehr von ζ_1 unterscheiden wird, muß vielmehr erst aus den obigen Gleichungen mit $x = 1$ berechnet werden. Es ist also in den drei Fällen beziehungsweise:

$$\zeta_1' = \zeta_1 (1 - x_0), \quad \zeta_1' = \zeta_1 \sqrt{1 - x_0} \quad \text{und} \quad \zeta_1' = \zeta_1 \sqrt[3]{1 - x_0}$$

die Geschwindigkeit am Ende der ersten Periode.

Setzt man die für x erhaltenen Werte in die Druckgleichung und den so für p gewonnenen Ausdruck in die Bewegungsgleichung ein, so kann man leicht einmal integrieren und hierdurch die Beziehung zwischen der Geschoßgeschwindigkeit ζ und dem Geschoßweg z erhalten. Hiermit ist auch schon der Druck als Funktion von z bestimmt, da er ja durch Einsetzen zusammengehöriger Werte von ζ und z in die Druckgleichung erhalten werden kann. Endlich ist auch die Zeit mit beliebiger Annäherung berechenbar, indem man den ganzen Weg in eine genügende Zahl Abschnitte teilt und sich jeden Abschnitt mit konstanter Geschwindigkeit durchlaufen denkt, und zwar mit dem arithmetischen Mittelwert der Geschwindigkeit, die das Geschoß am Anfang und Ende des Abschnittes besitzt. Die Zeit wird hierbei vom Augenblick gezählt, in dem das Geschoß seine Bewegung beginnt; sie vom Augenblick der Zündung aus zu berechnen ist nur möglich, wenn der Druck gegeben ist, den das Zündmittel hervorruft, da er in erster Linie bestimmt, wann der Druck erreicht wird, bei dem die Bewegung des Geschosses einsetzt. Jedenfalls ist aber diese Zeit eine einfach zu addierende Größe, die bei Kenntnis des Zündungsdrucks in jedem der drei Fälle nach den für das geschlossene Gefäß entwickelten Formeln ohne weiteres berechnet werden kann. Die Temperatur der Pulvergase bestimmt sich aus Gleichung 3a.

Es ist wieder in den drei hier behandelten Fällen:

I.

$$p = \frac{M}{q z}\left[\frac{x_0 \mu f}{M} - (\varkappa - 1)\frac{\lambda}{M} + \frac{\mu f}{M \xi_1}\zeta - \frac{1}{2}(\varkappa - 1)\zeta^2\right],$$

also:

$$\frac{d\zeta}{dt} = \frac{d\zeta}{dx}\frac{dx}{dt} = \zeta\frac{d\zeta}{dx} = \frac{1}{z}\left[\frac{x_0 \mu f}{M} - (\varkappa - 1)\frac{\lambda}{M} + \frac{\mu f}{M \xi_1}\zeta - \frac{1}{2}(\varkappa - 1)\zeta^2\right].$$

Setzt man

$$\frac{x_0 \mu f}{M} - (\varkappa - 1)\frac{\lambda}{M} = A,$$

$$\frac{\mu f}{M \zeta_1} = B,$$

$$-\frac{1}{2}(\varkappa - 1) = C,$$

so wird

$$z\zeta\frac{d\zeta}{dz} = A + B\zeta + C\zeta^2$$

$$\frac{dz}{z} = \frac{\zeta d\zeta}{A + B\zeta + C\zeta^2}$$

und wenn man berücksichtigt, daß für $z = z_0$ die Geschwindigkeit gleich Null ist, durch Integration:

(6) $$\ln\frac{z}{z_0} = \int_0^{\zeta}\frac{\zeta d\zeta}{A + B\zeta + C\zeta^2}.$$

II.

$$p = \frac{M}{q\varkappa}\left[\frac{x_0\mu f}{M} - (\varkappa - 1)\frac{\lambda}{M} + 2\sqrt{1 - x_0}\,\frac{\mu f}{M\zeta_1}\zeta \right.$$
$$\left. - \left(\frac{1}{2}(\varkappa - 1) + \frac{\mu f}{M\zeta_1^2}\right)\zeta^2\right],$$

also

$$\frac{d\zeta}{dt} = \zeta\frac{d\zeta}{d\varkappa} = \frac{1}{\varkappa}(A + B\zeta + C\zeta^2).$$

wenn man hier

$$\frac{x_0\mu f}{M} - (\varkappa - 1)\frac{\lambda}{M} = A,$$
$$2\sqrt{1 - x_0}\,\frac{\mu f}{M\zeta_1} = B,$$
$$-\frac{1}{2}(\varkappa - 1) - \frac{\mu f}{M\zeta_1^2} = C$$

setzt. Die Lösung hat die gleiche Form, wie im Fall I.

III.

$$p = \frac{M}{q\varkappa}\left[\frac{x_0\mu f}{M} - (\varkappa - 1)\frac{\lambda}{M} + 3\sqrt[3]{(1 - x_0)^2}\,\frac{\mu f}{M\zeta_1}\zeta \right.$$
$$\left. - \left(\frac{1}{2}(\varkappa - 1) + 3\sqrt[3]{1 - x_0}\,\frac{\mu f}{M\zeta_1^2}\right)\zeta^2 + \frac{\mu f}{M\zeta_1^3}\zeta^3\right],$$

also

$$\frac{d\zeta}{dt} = \zeta\frac{d\zeta}{d\varkappa} = \frac{1}{\varkappa}(A + B\zeta + C\zeta^2 + D\zeta^3),$$

wenn man

$$\frac{x_0\mu f}{M} - (\varkappa - 1)\frac{\lambda}{M} = A,$$
$$3\sqrt[3]{(1 - x_0)^2}\,\frac{\mu f}{M\zeta_1} = B,$$
$$-\frac{1}{2}(\varkappa - 1) - 3\sqrt[3]{1 - x_0}\,\frac{\mu f}{M\zeta_1^2} = C,$$
$$\frac{\mu f}{M\zeta_1^3} = D$$

setzt. Die Integration gibt:

(7) $$\ln\frac{\varkappa}{\varkappa_0} = \int\limits_0^{\zeta}\frac{\zeta\,d\zeta}{A + B\zeta + C\zeta^2 + D\zeta^3}.$$

Die Berechnung der beiden bestimmten Integrale, welche die Lösung unserer Aufgabe darstellen, erfolgt in jedem Fall ohne Schwierigkeiten. Das Integral, welches im Fall I oder II erhalten wird, gibt für $A = 0$

$$\ln\frac{\varkappa}{\varkappa_0} = \int\limits_0^{\zeta}\frac{d\zeta}{B + C\zeta} = \frac{1}{C}\ln\left(1 + \frac{C}{B}\zeta\right),$$

also

$$\left(\frac{x}{x_0}\right)^C = 1 + \frac{C}{B}\zeta, \qquad \zeta = \frac{B}{C}\left[\left(\frac{x}{x_0}\right)^C - 1\right]$$

und

$$t = \frac{C}{B}\int\limits_{x_0}^{x} \frac{dx}{\left(\frac{x}{x_0}\right)^C - 1}$$

Dieses letzte Integral wird aber für die untere Grenze logarithmisch unendlich. Es würde also, wie schon oben betont wurde, die Annahme $x_0 = 0$ und $\lambda = 0$ eine unendlich große Schußdauer ergeben. Dürfen wir somit A nicht gleich Null setzen, so wird es doch meistens angehen $4AC$ als eine Größe zu behandeln, die gegenüber B^2 klein ist.

Berücksichtigt man, daß C negativ und somit stets

$$\sqrt{B^2 - 4AC} > 2C\zeta + B$$

ist, so lautet die Lösung im Fall I und II zunächst:

$$\ln\frac{x}{x_0} = \frac{1}{2C}\left[\ln\left(1 + \frac{B}{A}\zeta + \frac{C}{A}\zeta^2\right) - \frac{B}{\sqrt{B^2 - 4AC}}\ln\frac{\zeta(B + \sqrt{B^2 - 4AC}) + 2A}{\zeta(B - \sqrt{B^2 - 4AC}) + 2A}\right].$$

Ist B^2 groß gegen $4AC$, so darf im besonderen

$$\sqrt{B^2 - 4AC} = B - \frac{2AC}{B}$$

gesetzt werden und man erhält:

$$\ln\frac{x}{x_0} = \frac{1}{2C}\left[\ln\left(1 + \frac{B}{A}\zeta + \frac{C}{A}\zeta^2\right) - \frac{1}{1 - \frac{2AC}{B^2}}\ln\frac{\zeta\left(B - \frac{AC}{B}\right) + A}{\zeta\frac{AC}{B} + A}\right]$$

$$= \frac{1}{2C}\left[\ln\left(1 + \frac{B}{A}\zeta + \frac{C}{A}\zeta^2\right) - \ln\frac{B^2\zeta + AB}{AC\zeta + AB}\right]$$

$$= \frac{1}{2C}\ln\frac{(A + B\zeta + C\zeta^2)(B + C\zeta)}{B(A + B\zeta)}$$

oder

$$\ln\frac{x}{x_0} = \frac{1}{2C}\ln\left(1 + \frac{C\zeta^2}{A + B\zeta}\right)\left(1 + \frac{C}{B}\zeta\right). \tag{6'}$$

Das ist der einfache Ausdruck, der im Fall I und II in der Regel die oben gegebene allgemeinere Lösung genügend zu ersetzen vermag. Wächst während der Verbrennung des Pulvers die Geschwindigkeit des Geschosses so weit, daß auch A gegen $B\zeta$ klein wird, so kann, natürlich nur für diese späteren Bewegungszustände, bisweilen auch die noch einfachere für $A = 0$ sich ergebende Beziehung angewendet werden.

Im Fall III muß in Partialbrüche zerlegt werden. Man bestimmt zunächst mittels regula falsi die reelle Wurzel der Gleichung

$$\frac{A}{D} + \frac{B}{D}\zeta + \frac{C}{D}\zeta^2 + \zeta^3 = 0.$$

Ist sie ε, so läßt sich schreiben

$$\ln\frac{x}{x_0} = \frac{1}{D}\int_0^\zeta \frac{\zeta\, d\zeta}{(\zeta - \varepsilon)(a + b\zeta + \zeta^2)} = \frac{1}{D}\left\{N\int_0^\zeta \frac{d\zeta}{\zeta - \varepsilon}\right.$$

$$\left. + Q\int_0^\zeta \frac{d\zeta}{a + b\zeta + \zeta^2} + P\int_0^\zeta \frac{\zeta\, d\zeta}{a + b\zeta + \zeta^2}\right\},$$

wo N, P und Q durch die Gleichungen bestimmt sind:

$$N = -P = \frac{\varepsilon}{a + b\varepsilon + \varepsilon^2} \quad \text{und} \quad Q = \frac{a}{a + b\varepsilon + \varepsilon^2}.$$

Ist $4a - b^2$ positiv, so wird

$$\int_0^\zeta \frac{d\zeta}{a + b\zeta + \zeta^2} = \frac{2}{\sqrt{4a - b^2}}\left[\operatorname{arctg}\frac{2\zeta + b}{\sqrt{4a - b^2}} - \operatorname{arctg}\frac{b}{\sqrt{4a - b^2}}\right]$$

$$= \frac{2}{\sqrt{4a - b^2}}\operatorname{arctg}\frac{\zeta\sqrt{4a - b^2}}{2a + b\zeta}$$

und somit schließlich:

$$(7)\quad \left\{\begin{aligned} \ln\frac{x}{x_0} = \frac{1}{D}\Big\{N\ln\left(1 - \frac{\zeta}{\varepsilon}\right) + \frac{1}{2}P\ln\frac{1}{a}(a + b\zeta + \zeta^2) \\ + \frac{2Q - Pb}{\sqrt{4a - b^2}}\operatorname{arctg}\frac{\zeta\sqrt{4a - b^2}}{2a + b\zeta}\Big\}. \end{aligned}\right.$$

Für $A = 0\ (\varepsilon = 0)$ würde

$$\ln\frac{x}{x_0} = \frac{2}{D\sqrt{4a - b^2}}\operatorname{arctg}\frac{\zeta\sqrt{4a - b^2}}{2a + b\zeta}.$$

Unter Benutzung der oben eingeführten Bezeichnung läßt sich die Druckgleichung im Fall I und II in der Form schreiben:

$$p = \frac{M}{qx}(A + B\zeta + C\zeta^2)$$

und im Fall III:

$$p = \frac{M}{qx}(A + B\zeta + C\zeta^2 + D\zeta^3).$$

Um das Druckmaximum zu finden, ist zunächst $\frac{dp}{dx} = 0$ zu setzen. Das gibt im Fall I und II:

$$-\frac{1}{x^2}(A + B\zeta + C\zeta^2) + \frac{1}{x}(B + 2C\zeta)\frac{d\zeta}{dx} = 0$$

und da

$$\frac{d\zeta}{dx} = \frac{1}{x\zeta}(A + B\zeta + C\zeta^2)$$

ist:

$$-\zeta + B + 2C\zeta = 0 \qquad \text{oder} \qquad \zeta = \frac{B}{1 - 2C}.$$

Das ist der einfache Ausdruck für die Geschwindigkeit ζ_m, die das Geschoß an der Stelle des Druckmaximums besitzt. Der zugehörige Ort x_m wird dann nach den Formeln des vorhergehenden Abschnitts berechnet; schließlich erhält man durch Einsetzen beider Werte in die Druckgleichung auch die Größe dieses Höchstwertes.

Im Fall III wird

$$-\frac{1}{x^2}(A + B\zeta + C\zeta^2 + D\zeta^3) + \frac{1}{x}(B + 2C\zeta + 3D\zeta^2)\frac{d\zeta}{dx} = 0,$$

$$\frac{d\zeta}{dx} = \frac{1}{x\zeta}(A + B\zeta + C\zeta^2 + D\zeta^3)$$

und ζ_m bestimmt sich aus der Gleichung

$$-\zeta + B + 2C\zeta + 3D\zeta^2 = 0$$

oder

$$\zeta^2 - \frac{1 - 2C}{3D}\zeta + \frac{B}{3D} = 0.$$

Das Druckmaximum wird in den Fällen II und III stets erreicht, noch ehe das Pulver verbrannt ist, im Fall I aber nur dann, wenn die Geschwindigkeit des Geschosses vorher so groß wird, daß die Nachlieferung an Pulvergas nicht mehr genügt, um den Druck weiter ansteigen zu lassen. Sonst fällt hier das Maximum mit dem Ende der Verbrennung zusammen. Im Grenzfall wird

$$\zeta_m = \zeta_1' = \zeta_1(1 - x_0) = \frac{B}{1 - 2C} = \frac{\mu f}{M\varkappa} \cdot \frac{1}{\zeta_1}$$

oder

$$\zeta_1 = \frac{q}{M}\frac{s_0}{c_1} = \sqrt{\frac{\mu f}{M\varkappa(1 - x_0)}}.$$

Ist also

$$\frac{s_0}{c_1} < \frac{1}{q}\sqrt{\frac{M\mu f}{\varkappa(1 - x_0)}},$$

so wächst beim Blattpulver (Röhrenpulver) der Druck, bis die Verbrennung beendet ist; dann und nur dann ist die von Krupp[1] gelegentlich gemachte Annahme, daß der Höchstwert des Drucks mit dem Ende der Verbrennung zusammenfällt, berechtigt. Ist hingegen $\frac{s_0}{c_1}$ größer als dieser Wert, so wird auch hier, wie in den Fällen II und III stets, der Höchstwert des Druckes bereits früher erreicht.

Es erscheint bemerkenswert, daß der Ausdruck für die Geschwindigkeit beim Druckmaximum von A, also von Anfangsdruck, Widerstand und Arbeit unabhängig ist. Läßt sich die Kurve eines Sébertschen Rücklaufmessers in genügend großem Zeitmaßstab erhalten, um aus ihr einen verläßlichen Wert für ζ_m zu gewinnen, so kann, wenn f und c_1 aus Versuchen im geschlossenen Gefäß bekannt sind, $\varkappa$ erhalten werden.

Für Blattpulver ist

$$\varkappa = \frac{c_1}{\zeta_m} \cdot \frac{\mu f}{q s_0}.$$

Es möge hier noch besprochen werden, in welcher Weise die kinetische Energie der Pulvergase berücksichtigt werden kann. Es liegt auf der Hand, daß nur die gerichteten Bewegungen im Pulvergas einen Energie- und Druckverlust veranlassen werden. Die Energie regelloser Wirbel und Strömungen, die keine bestimmte Richtung bevorzugen, kann man als zur inneren Energie gehörig betrachten. Auch Wellen, die zwischen Rohr- und Geschoßboden hin- und herlaufen, wie sie Hugoniot annimmt, würden im Zeitmittel nicht anders wirken, als der konstante Druck, welcher dem Energiebetrag entspricht, der durch sie dem Pulvergas entzogen wird.

Hingegen strömt die jeweils vorhandene Gasmenge einseitig in der Richtung des Rohres dem voreilenden Geschoß nach, so zwar, daß die Geschwindigkeit dieser Strömung unmittelbar hinter dem Geschoßboden die Geschwindigkeit des Geschosses erreicht, während sie auf der Pulveroberfläche und nach erfolgter Verbrennung am Rohrboden gleich Null angenommen werden kann. Zwischen diesen beiden Stellen wird die Geschwindigkeit linear ansteigen, wofern man wie bisher Druck und Temperatur in der ganzen Gasmasse überall gleich groß voraussetzt. Bezeichnet dann u die Geschwindigkeit der Strömung an der beliebigen Stelle z und z' die Lage des Geschoßbodens, wenn das Geschoß die Geschwindigkeit ζ hat, so gilt $u = \zeta \frac{z}{z'}$. Das mittlere Geschwindigkeitsquadrat der Strömung ist

[1] Vgl. Cranz, Enzyklopädieaufsatz, S. 262.

dann in jedem Augenblick

$$\overline{u^2} = \frac{1}{x'}\int_0^{z'} u^2\,dz = \frac{\zeta^2}{x'^3}\int_0^{z'} z^2\,dz = \frac{1}{3}\zeta^2$$

und ihre lebendige Kraft somit ebenso groß, als ob der dritte Teil der verbrannten Pulvermenge sich jeweils mit der Geschwindigkeit ζ bewegen würde. Es ist das die zuerst von Piobert vorgeschlagene Korrektur. Die Masse des Geschosses ist also während der ersten Periode, d. h. bis zum vollständigen Verbrennen des Pulvers um $\frac{1}{3}x\mu$, in der zweiten Periode, d. h. nach beendeter Verbrennung um $\frac{1}{3}\mu$ zu erhöhen.[1]

Im vorhergehenden wurde mit Absicht diese Korrektur noch nicht angebracht, da durch sie die Integration verwickelter wird, als es diese an sich geringfügige Korrektur berechtigt erscheinen läßt. Man wird, ohne einen nennenswerten Fehler zu begehen, sie nachträglich anbringen können, indem man an jedem zusammengehörigen Wertpaar z und ζ die Geschwindigkeit ζ um den einer Massenvermehrung von $\frac{1}{3}x\mu$ entsprechenden Betrag erniedrigt, also durch $\sqrt{1+\frac{x}{3}\frac{\mu}{M}} = 1 + \frac{x}{6}\frac{\mu}{M}$ dividiert.

§ 22. Die Bewegung des Geschosses im Rohr der Feuerwaffe nach der Verbrennung des Pulvers.

Der Vollständigkeit halber und wegen des im folgenden gegebenen Beispiels, in dem die Bewegung des Geschosses bis zum Austritt aus dem Rohr verfolgt werden soll, wollen wir schließlich die einfachen Formeln anschreiben, welche für die zweite Periode der Bewegung gelten, in der die Verbrennung vollständig beendet ist und das Geschoß durch die adiabatische Entspannung der bereits ganz in Gas aufgelösten Ladung noch weiter beschleunigt wird.

Die Lage z_1 des Geschosses, seine Geschwindigkeit ζ_1' und der zugehörige Druck p_1 am Ende der ersten Periode sind die Anfangswerte für diesen zweiten Teil der Bewegung.

Der Zuwachs an kinetischer Energie ist einfach gleich der längs der Gasadiabate geleisteten Arbeit. Man erhält für die Geschwindigkeit

$$\zeta^2 = \zeta'^2_1 + \frac{2}{\varkappa - 1}\,\frac{q}{M}\,p_1\,z_1\left(1 - \left(\frac{z_1}{z}\right)^{\varkappa-1}\right)$$

und für den Druck

$$p = p_1\left(\frac{z_1}{z}\right)^{\varkappa}.$$

---

[1] Anm. b. d. Korr.: Prof. H. Benndorf macht mich aufmerksam, daß die noch unverbrannte Ladung an der Bewegung teilnehmen dürfte, so daß die Masse des Geschosses auch in der ersten Periode konstant um $\frac{1}{3}\mu$ zu erhöhen wäre.

Hierin ist M die wie früher in bezug auf Rotationsenergie und Rückstoßenergie korrigierte Masse des Geschosses, vermehrt um den dritten Teil der Masse der Ladung. Ist z_2 die vom selben Ausgangspunkt wie z gezählte Länge des vollkommen kalibrisch gedachten Rohres, so erhält man für $z = z_2$ die Mündungsgeschwindigkeit relativ gegen das Rohr (ζ_2), die noch durch $1 + \frac{M'}{M''}$ zu dividieren ist, um sie in üblicher Weise auf die Umgebung zu beziehen (u). Desgleichen wird für $z = z_2^{\prime}$ der Druck gleich dem Mündungsdruck p_2.

Im Fall der Detonation, die bei großer Verbrennungsgeschwindigkeit oder bei sehr feinem Pulverkorn auftreten kann, wo das Pulver ganz verbrannt ist, ehe sich das Geschoß überhaupt bewegt, ist der Anfangsdruck zugleich der aus der ursprünglichen Ladedichte Δ nach der Formel

$$\frac{f\Delta}{1 - \alpha\Delta} = f\varrho\,\frac{\Delta}{\varrho - \Delta}$$

berechenbare Maximaldruck n.[1] Unter Berücksichtigung der zur Überwindung des Anfangswiderstandes nötigen Arbeit λ ist in diesem Fall

$$\zeta^2 = \frac{2}{\varkappa - 1}\,\frac{q}{M}\,n\,z_0\left(1 - \left(\frac{x_0}{x}\right)^{\varkappa - 1}\right) - 2\,\frac{\lambda}{M}$$

und

$$p = n\left(\frac{x_0}{x}\right)^{\varkappa}.$$

M hat dieselbe Bedeutung wie oben.

§ 23. Ein Zahlenbeispiel.

Es ist nicht ohne weiteres möglich, die im vorhergehenden entwickelte Theorie an der Beobachtung zahlenmäßig zu prüfen. Es liegt dies weniger an der Geheimhaltung der auf moderne Geschütze und Pulver bezüglichen Konstanten als vielmehr daran, daß über gewisse wichtige und durch Versuche nicht schwer zu bestimmende Größen, wie Anfangsdruck, Anfangsarbeit und vor allem auch über die Verbrennungsgeschwindigkeit der Pulver zurzeit tatsächlich wenig Sicheres bekannt ist. Wenn also im folgenden an einem ziemlich aufs Geratewohl gewählten Beispiel die Rechnung durchgeführt wird, so soll damit zunächst nur der Nachweis erbracht werden, daß das Ergebnis im allgemeinen mit der artilleristischen

[1] Unter Vernachlässigung des durch Abbrennen des Zündmittels hervorgerufenen Drucks.

Erfahrung übereinstimmt, während die genaue zahlenmäßige Prüfung der Zukunft vorbehalten bleibt.

Heydenreich[1] gibt für die deutsche schwere Feldkanone C 73/88, Kaliber 8,80 cm, die folgenden Zahlen:

Gewicht von Rohr und Lafette 970 kg;
Verbrennungsraum 1,83 l;
Inhalt der Seelenhöhlung 12,17 l;
Weg des Geschoßbodens im Rohr 1,635 m;
Querschnitt des Rohrs 63,24 cm²;
Geschoßgewicht (Feldgranate C 82 mit Kupferführung) 7,04 kg;
Verhältnis zwischen Rotations- und Translationsenergie 0,0020;
Ladung „Geschützblättchenpulver" 0,64 kg;
Höchster Gasdruck ca. 1350 Atm;
Mündungsgeschwindigkeit 452 m/sec.

Genaue Angaben über die Dimensionen und über die Konstanten des deutschen „Geschützblättchenpulvers" fehlen, ebenso über die chemische Zusammensetzung des Verbrennungsproduktes. Die Größe f wird zwar von Heydenreich zu $7800 \frac{\text{kg}}{\text{cm}^2} \frac{\text{cm}^3}{\text{g}}$ angegeben, doch zugleich bemerkt, daß dieser mit dem Stauchapparat gemessene Wert in Wirklichkeit höher ist, da der Einfluß der Zeitdauer der Pressung hierbei nicht berücksichtigt wurde. Bei dieser Sachlage bleibt nichts anderes übrig, als die Rechnung statt mit diesem Pulver mit einem anderen ähnlichen durchzuführen, dessen Konstanten genau bestimmt und bekannt sind. Es wurde „Kordit" gewählt, dessen Verbrennungsprodukte durch Noble[2] in vorbildlicher Weise untersucht sind, während die schon oben im § 19 benutzten Beobachtungen Petavels über die Druckentwicklung eben dieses Pulvers in geschlossenem Gefäß nicht nur die Größe f recht genau ergeben, sondern auch, wie dort gezeigt wurde, die Berechnung der Verbrennungsgeschwindigkeit gestatten. Wir setzen demnach:

$$f = 10000 \frac{\text{Atm cm}^3}{\text{g}} = 103330 \frac{\text{kg}}{\text{m}^2} \frac{\text{m}^3}{\text{kg}}, \quad \varrho = 1{,}56 \frac{\text{g}}{\text{cm}^3},$$

$$c_1 = 0{,}263 \frac{\text{mm}}{\text{sec Atm}} = 0{,}2545 \frac{\text{mm}}{\text{sec}} \frac{\text{cm}^2}{\text{kg}}.$$

Die Größe $\frac{c_p}{c_v} = \varkappa$ kann nach der in der Fußnote auf S. 66 abgeleiteten Formel

$$\varkappa = 1 + \sum m_h \Big/ \sum \frac{m_h}{\varkappa_h - 1}$$

[1] „Die Lehre vom Schuß", Bd. 2, S. 93, Berlin 1908.

[2] Phil. Trans. R. S. London (A), **205**, 201 (1906).

berechnet werden, wenn ihr Wert für die betreffenden Einzelgase bekannt ist. Noble gibt für „Kordit M. D." die Zusammensetzung des Verbrennungsproduktes bei verschiedenem Höchstdruck folgendermaßen in Gewichtsprozenten an:

Höchstdruck in Atm.	CO_2	CO	H_2	CH_4	N_2	H_2O
1051,8	30,82	39,71	1,61	0,55	14,74	12,57
1554,8	32,80	38,11	1,76	1,06	14,69	11,58

Hiernach ist für den im vorliegenden Fall auftretenden Höchstdruck von 1350 Atm anzunehmen, daß das Gemisch aus rund 32 % CO_2, 39 % CO, 2 % H_2, 15 % N_2 und 12 % H_2O besteht, wobei wir den geringen Gehalt an Sumpfgas vernachlässigen. Die Verbrennungswärme für das Gramm dieses Pulvers beträgt 956,5 cal. Hieraus berechnet man unter Zugrundelegung der Pierschen Formeln für die spezifische Wärme der genannten Gase die Verbrennungstemperatur zu 2830° C. Die Mündungsenergie des Geschosses beträgt 73335, die des Rückstoßes 780, die der Drehung 145 mkg, und für die Anfangsarbeit werden wir weiter unten einen Wert von 100 mkg annehmen. Von der gesamten Verbrennungswärme der Ladung im Betrag von 612,2 Cal werden also 74370 : 427 = 174,2 Cal in Arbeit umgesetzt. Die Temperatur der Pulvergase ist dementsprechend im Augenblick, wo das Geschoß das Rohr verläßt, bis auf 2210° C gesunken. Für den Mittelwert aus beiden Temperaturen (2520° C) ergibt sich aus den Pierschen Formeln $\varkappa(CO \text{ und } N_2) = 1,277$, $\varkappa(H_2) = 1,285$, $\varkappa(H_2O) = 1,093$, $\varkappa(CO_2) = 1,170$ und hieraus für das Gemisch:

$$\varkappa = 1,20.$$

Bei Beurteilung der Verläßlichkeit dieser Berechnung darf nicht übersehen werden, daß die Pierschen Formeln nur bis 2500° C gelten, und daß daher ihre Anwendung bis 2830° C eine Extrapolation bedeutet. Es erschien darum auch überflüssig, in den folgenden Rechnungen jeweils einen anderen Wert für $\varkappa$ zugrunde zu legen, obwohl die in der Rechnung auftretenden Mündungsgeschwindigkeiten die beobachtete in der Regel übertreffen.

Ebenso wie über das Pulver fehlen im vorliegenden Fall auch alle Angaben über den Druck p_0, bei dem das Geschoß die Bewegung beginnt, durch den wieder die Pulvermenge $x_0 \mu$ bestimmt wird, die vor Beginn der Bewegung verbrennt und ebenso alle Angaben über die Arbeit λ, die beim Einschneiden des Dralls in das Führungsband zu leisten ist, obwohl beide Größen, wie schon erwähnt, sich unschwer experimentell bestimmen lassen. Bei älteren französischen Versuchen wurde der Anfangsdruck an einer 7,5 cm-Kanone für Kupferführung zu 271,5 $\frac{\text{kg}}{\text{cm}^2}$ ermittelt.[1] Bei strafferer Führung wird er auch noch größer sein können, während er anderseits mit der Zeit infolge der Abnützung des Rohrs beträchtlich sinkt. Nehmen wir die Breite des Führungsbandes β zu 1 cm an, so berechnet man $\lambda = q p_0 \beta = 153$ mkg.

Wir wollen hier $p_0 = 100$ Atm und $\lambda = 100$ mkg setzen, womit jedenfalls die Größenordnung richtig getroffen ist. Ein Fallhammer von 100 kg soll bei 1 m Fallhöhe das Geschoß gerade in die Züge einschlagen können.

Hiermit sind alle Konstanten gegeben, die der folgenden Rechnung zugrunde liegen. Nur die Größe des Pulverkorns ist noch offen gelassen. Wir setzen $2 s_0 = 1$, 2 und 3 mm. Die Rechnungen sind am bequemsten im „absoluten“ Maßsystem oder im reinen m-, kg-, sec-System auszuführen, weil aber in der Ballistik allgemein ein gemischtes Maßsystem im Gebrauch steht, wonach der Druck in Atmosphären, die Ladedichte in Gramm pro Kubikzentimeter, die Geschwindigkeit in Metersekunden, Energien in Meterkilogrammen angegeben werden, wollen wir uns ebenfalls auf dieses Maßsystem beziehen.

$$q z_0 = 1830 - \frac{640}{1{,}56} = 1420\,\text{cm}^3, \quad z_0 = \frac{1420}{63{,}24} = \mathbf{22{,}45}\ \text{cm}$$

$$z_2 = \mathbf{185{,}95}\ \text{cm}.$$

$$\begin{cases} x_0 = \frac{p_0}{n}, \quad n = f \varrho \frac{\Delta}{\varrho - \Delta}, \quad \Delta = \frac{640}{1830} = 0{,}350 \frac{\text{g}}{\text{cm}^3} \\ n = \mathbf{4512}\ \text{Atm}, \quad x_0 = \mathbf{0{,}02216}. \end{cases}$$

$$\begin{cases} M' = 7{,}04 \left(1 + \frac{U_R}{U_T}\right) = 7{,}05\ \text{kg}, \\ M = \frac{M' M''}{M' + M''} = \frac{7{,}05 \cdot 970}{7{,}05 + 970} = \mathbf{7{,}00}\,\text{kg}, \\ 1 + \frac{M'}{M''} = 1 + \frac{7{,}05}{970} = \mathbf{1{,}0073} \end{cases}$$

	$2 s_0 = 1$	2	3 mm
$c_1 = 0{,}263 \frac{\text{mm}}{\text{sec Atm}}$; $\frac{s_0}{c_1} =$	1,901	3,802	5,703 sec Atm.
$=$	1,964	3,929	5,893 sec (kg/cm²)
1 $= \frac{q}{M} \frac{s_0}{c_1} = \frac{63{,}24 \cdot 9{,}806}{7{,}00} \frac{s_0}{c_1} =$	**173,99**	**348,07**	**522,06** m/sec.

[1] Vgl. G. Kaiser, Konstruktion der gezogenen Geschützrohre, Wien 1900, S. 71.

I.

$$\zeta_1' = \zeta_1(1 - x_0) = \quad 170{,}13 \quad 340{,}36 \quad 510{,}49 \text{ m/sec.}$$

$$A = \frac{x_0 \mu f}{M} - (\varkappa - 1)\frac{\lambda}{M} = 0{,}02216 \cdot \frac{0{,}64}{7{,}00} 103330 \cdot 9{,}806$$

$$- 0{,}36 \frac{100 \cdot 9{,}806}{7{,}00} = 2024{,}8 \text{ (m/sec)}^2$$

$$B = \frac{\mu f}{M\zeta_1} = \frac{0{,}64}{7{,}00} \cdot 103330 \cdot 9{,}806 \cdot \frac{1}{\zeta_1} = \quad 532{,}4 \quad 266{,}1 \quad 177{,}4 \text{ m/sec}$$

$$C = -\tfrac{1}{2}(\varkappa - 1) = \quad -0{,}10$$

II.

$$\zeta_1' = \zeta_1 \sqrt{1 - x_0} = \zeta_1\left(1 - \frac{x_0}{2}\right) = \quad 172{,}06 \quad 344{,}21 \quad 516{,}28 \text{ m/sec}$$

$$B = (2 - x_0)\frac{\mu f}{M\zeta_1} = 1053{,}0 \quad 526{,}3 \quad 350{,}9 \text{ m/sec}$$

$$C = -\frac{1}{2}(\varkappa - 1) - \frac{\mu f}{M\zeta_1^2} = \quad -3{,}160 \quad -0{,}865 \quad -0{,}440$$

III.

$$\zeta_1' = \zeta_1 \sqrt[3]{1 - x_0} = \zeta_1\left(1 - \frac{x_0}{3}\right) = \quad 172{,}70 \quad 345{,}50 \quad 518{,}20 \text{ m/sec}$$

$$B = (3 - 2x_0)\frac{\mu f}{M\zeta_1} = 1573{,}6 \quad 786{,}5 \quad 524{,}5 \text{ m/sec}$$

$$C = -\frac{1}{2}(\varkappa - 1) - (3 - x_0)\frac{\mu f}{M\zeta_1^2} = \quad -9{,}212 \quad -2{,}378 \quad -1{,}112$$

$$D = \frac{\mu f}{M\zeta_1^3} = \quad 0{,}01759 \quad 0{,}002198 \quad 0{,}0006510 \text{ sec/m}$$

$$\varepsilon = \quad -1{,}277 \quad -2{,}555 \quad -3{,}830$$

$$P = \quad 0_4{,}1407 \quad 0_5{,}7031 \quad 0_5{,}4678$$

$$Q = \quad 0{,}9926 \quad 0{,}9924 \quad 0{,}9920$$

Die ersten zwei Zeilen der folgenden Tafel enthalten die Geschwindigkeit des Geschosses im Augenblick, wo das Pulver eben verbrannt ist, und zwar ζ_1' ohne Berücksichtigung, ζ_1' cor. mit Berücksichtigung der kinetischen Energie der Pulvergase (vgl. letzter Absatz von § 21). Die dritte und vierte Zeile geben die zugehörige Lage des Geschosses, und zwar bedeutet z_1 die Entfernung des Geschoßbodens von der ursprünglichen Begrenzungsfläche der Ladung, falls man sich diese lückenlos am Ende des Rohrs aufgehäuft denkt, $z_1 - z_0$ die Entfernung von der Ruhelage des Geschosses, also den bis dahin zurückgelegten Weg. Die fünfte Zeile gibt p_1, d. h. den dort herrschenden Druck. Die kursiv gedruckten Zahlen der dritten

Spalte im Fall I und II ergeben sich unter der Annahme, daß das Rohr die entsprechende Länge hätte, um auch Blatt- und Stabpulver von 3 mm Dicke die vollständige Verbrennung zu ermöglichen. Da aber für die wirkliche Rohrlänge $z = z_2 = 185{,}95$ cm schon der Mündung entspricht, werden diese Geschwindigkeiten, Wege und Drücke tatsächlich nicht auftreten.

Die folgenden vier Zeilen beziehen sich auf das Druckmaximum, dessen Betrag durch p_m und dessen Lage durch $z_m - z_0$ gekennzeichnet ist; ζ_m cor. bedeutet die zugehörige Geschoßgeschwindigkeit, bereits wieder um die kinetische Energie der Pulvergase korrigiert und x_m den Bruchteil der Ladung, der bis dahin verbrannt ist.

Die letzten Zeilen geben den Druck p_2, den Bruchteil der verbrannten Ladung x_2 und die gleichfalls schon korrigierte Geschwindigkeit ζ_2 im Augenblick, wo das Geschoß das Rohr verläßt. Während aber sonst alle Geschwindigkeiten relativ gegen das durch den Rückstoß zurückweichende Rohr gerechnet werden, sind hier auch noch die auf die Umgebung bezogene Mündungsgeschwindigkeit u und Mündungsenergie $\frac{1}{2} M' u^2$, die letztere in Metertonnen angeführt.

	I.			II.			III.		
$2 s_0$ mm	1	2	3	1	2	3	1	2	3
ζ_1' m/sec	170,1	340,4	*510,5*	172,1	344,2	*516,3*	172,7	345,5	518,2
ζ_1' cor. m/sec	167,6	335,3	*502,9*	169,5	339,1	*508,6*	170,1	340,4	510,5
z_1 cm	30,95	86,74	*641,2*	28,20	58,39	*234,6*	27,27	50,82	167,1
$z_1 - z_0$ cm	8,50	64,29	*618,8*	5,75	35,94	*212,2*	4,82	28,37	144,6
p_1 Atm	3167	1020	*113*	3473	1510	*307*	3591	1732	430
p_m Atm	3167	1161	548	3547	2246	1400	3867	2890	2186
$z_m - z_0$ cm	8,50	30,37	29,51	3,63	12,25	18,27	2,59	6,93	9,91
ζ_m cor. m/sec	167,6	219,5	147,2	124,8	190,5	185,0	118,6	167,3	180,9
x_m	1,000	0,659	0,305	0,932	0,811	0,601	0,973	0,881	0,735
p_2 Atm	368	409	301	361	376	403	359	365	378
x_2	1,000	1,000	0,681	1,000	1,000	0,997	1,000	1,000	1,000
ζ_2 m/sec	539,0	472,9	339,9	549,7	526,2	478,5	553,5	542,7	523,5
u m/sec	535,0	469,4	337,4	545,6	522,4	475,0	549,4	538,7	519,7
$\frac{1}{2} M' u^2$ mt	102,7	79,09	40,86	106,9	97,96	80,99	108,3	104,2	96,95

Im Fall der Detonation ($s_0 = 0$) ist

$$z_1 = z_0 = 22{,}45 \text{ cm}, \quad p_1 = p_m = n = 4512 \text{ Atm}, \quad p_2 = 357 \text{ Atm},$$
$$\zeta_2 = 556{,}8 \quad \text{und} \quad u = 552{,}7.$$

Man sieht, innerhalb wie weiter Grenzen die Verbrennung und der Druck durch die Größe und Form des Pulverkorns geregelt werden können, ohne daß hierbei die Mündungsgeschwindigkeit, ja selbst die Mündungsenergie, allzusehr geändert werden.

Im Fall I liegt bei einer Blattdicke von 1 mm das Druckmaximum am Ende der Verbrennung. Man vergleiche hierzu das im vorletzten Abschnitt des § 21 hierüber Gesagte. Erst wenn die Dicke des Blattes 1,614 mm übersteigt, wird der Höchstwert des Druckes schon früher erreicht und ist $p_m > p_1$. Hier und bei 2 mm fällt der größere Teil des Geschoßweges in die zweite Periode, d. h. das Pulver ist längst verbrannt, wenn das Geschoß die Mündung erreicht. Hingegen sind bei 3 mm Blattdicke in diesem Augenblick erst rund $\frac{2}{3}$ der Ladung verbrannt. Die Bewegung des Geschosses verläuft jetzt ganz innerhalb der ersten Periode. Das ist auch noch bei Stabpulver gleicher Dicke der Fall. Nur bei Würfelpulver ist die Verbrennung vollständig.

Soll für Blattpulver der höchste Gasdruck 1350 Atm betragen, wie er am hier untersuchten Geschütz beobachtet wurde, so muß dem Blatt eine Dicke von 1,848 mm gegeben werden. Es ist dann

$$z_1 - z_0 = 47{,}94 \text{ cm}, \quad \zeta_1' \text{ cor.} = 309{,}8 \text{ m/sec}, \quad p_1 = 1284 \text{ Atm},$$
$$z_m - z_0 = 30{,}45 \text{ cm}, \quad \zeta_2 = 487{,}6 \quad \text{und} \quad u = 484{,}0 \text{ m/sec},$$

was mit der beobachteten Mündungsgeschwindigkeit von 452 m/sec hinlänglich übereinstimmt, wenn man berücksichtigt, daß „Kordit" das „Geschützblättchenpulver" an Schärfe übertrifft. Es wäre möglich, die Größe f zwischen 7800 und 10333 $\frac{\text{kg}}{\text{cm}^2}\,\frac{\text{cm}^3}{\text{g}}$ so zu wählen, daß die Übereinstimmung vollkommen wird.

Natürlich kann auch der ganze Verlauf des Druckes, der Geschwindigkeit, der verbrannten Pulvermenge und der Zeit während der Bewegung des Geschosses an Hand der oben entwickelten Formeln berechnet werden. Führt man dies durch, so zeigt es sich, daß der Übergang von der ersten in die zweite Periode der Bewegung bei allen veränderlichen Größen, welche beiden Perioden angehören, ohne merkliche Knickung vor sich geht, so daß es begreiflich erscheint, daß alle Versuche, Ort und Zeit der beendeten Verbrennung aus den Angaben des Rücklaufmessers zu bestimmen, bisher kein zuverlässiges Ergebnis hatten.

Verzeichnis

der Abhandlungen des Verfassers, die hier benutzt wurden:

Über die Temperaturverhältnisse in der Flamme. Wien. Ber. **108**, 1152 (1899).

Physik der Flamme. Ann. d. Phys. **10**, 408 (1903) und **24**, 527 (1907).

Über die sogenannte flammenlose Gasheizung. Zeitschr. f. angew. Chem. **26**, 167 (1913).

Die normale Verbrennungsgeschwindigkeit von Kolloidpulver und der von ihm in geschlossenem Gefäß entwickelte Druck in seiner Abhängigkeit von Zeit, Pulverform und Ladedichte. Mitteil. über Gegenst. d. Artillerie- u. Geniewesens **47**, 9 (1916).

Über die Bewegung des Geschosses im Rohr während der Verbrennung des Pulvers. Ebenda **47**, 1059 (1916).

Über die Flamme fester Brennstoffe. Ebenda **47**, 1635 (1916).

Die Verbrennung eines explosiven Gasgemisches in geschlossenem Gefäß; gemeinsam mit L. Flamm. Wien. Ber. **126**, 9 (1917).

Namenverzeichnis.

I. Abschnitt.

II. Abschnitt.

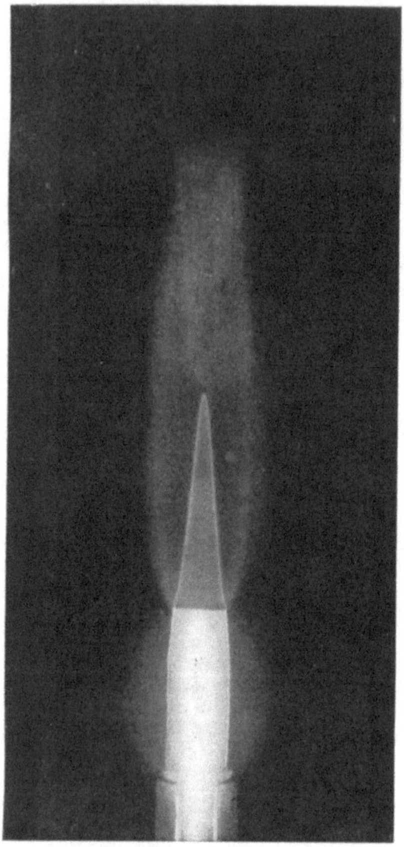

Fig. 5.

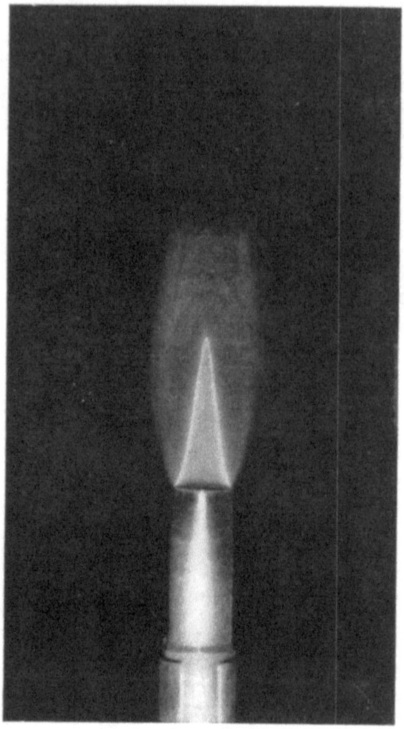

Fig. 6.

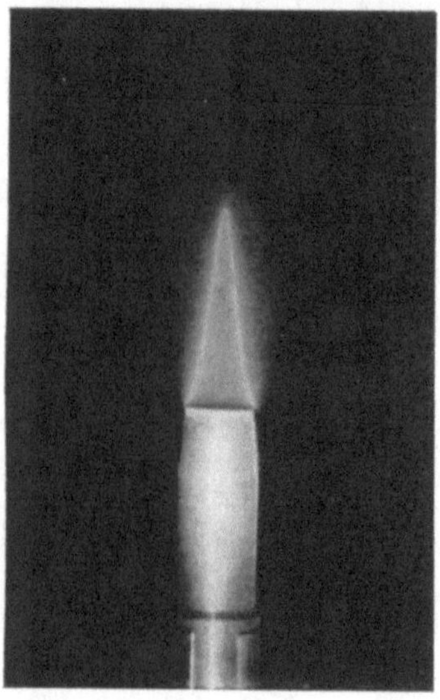

Fig. 7.

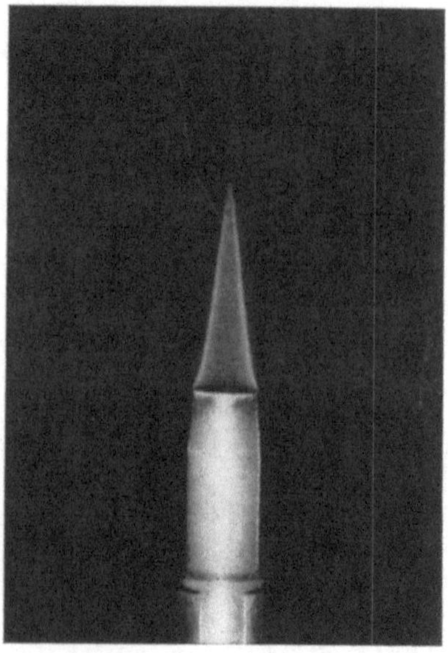

Fig. 8.

Verlag von V

Fig. 10.

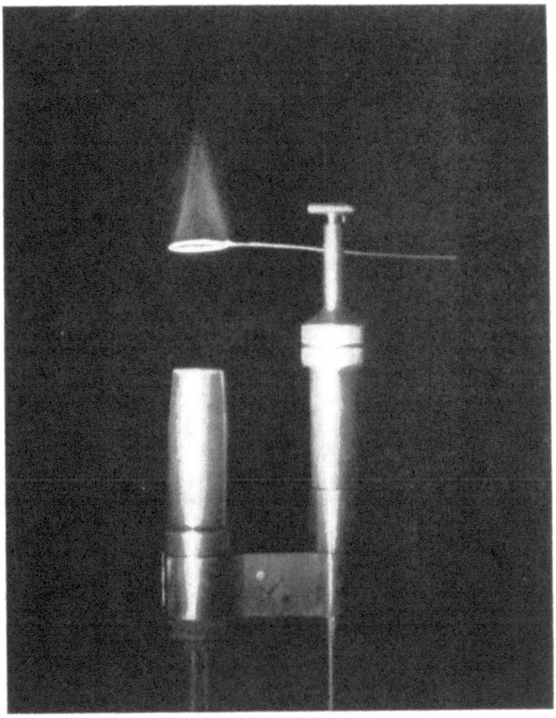

Fig. 11.

Fig. 13.

in Leipzig.

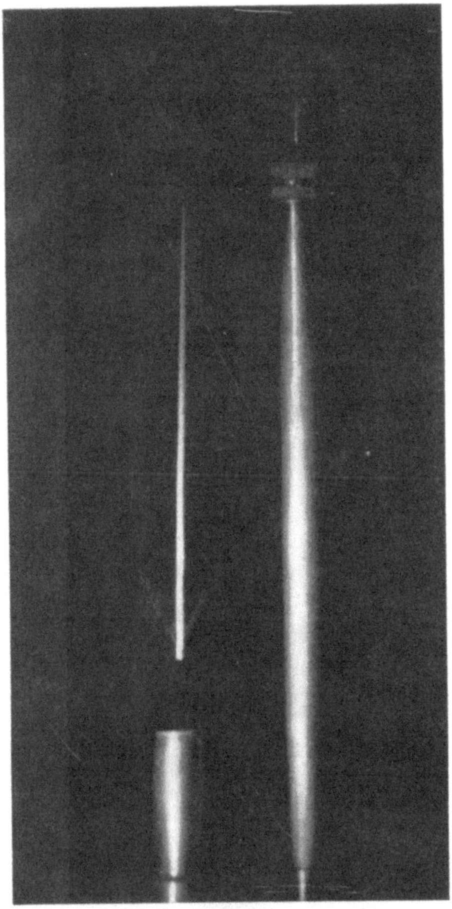

Fig. 14.

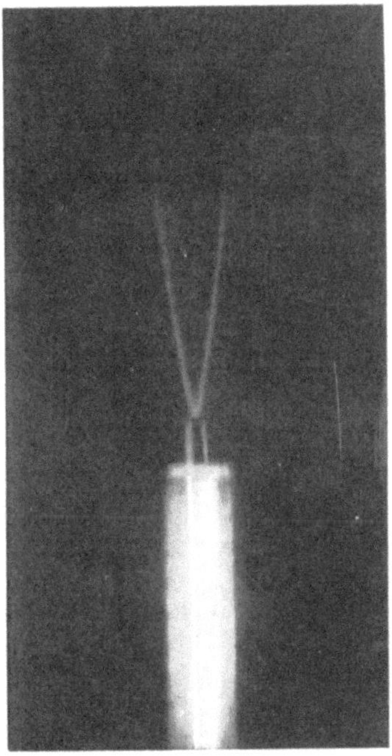

Fig. 15.

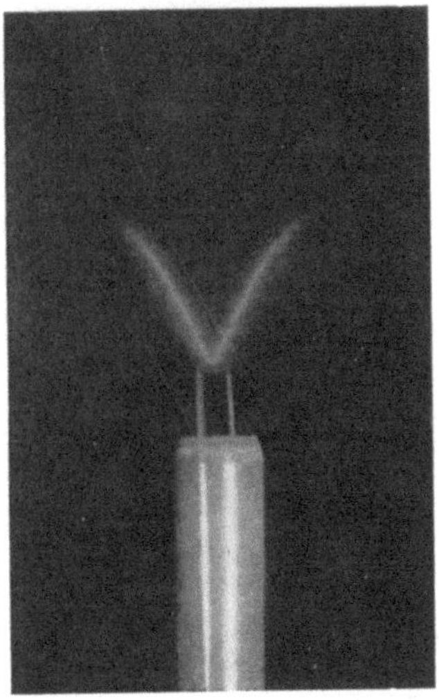

Fig. 16.

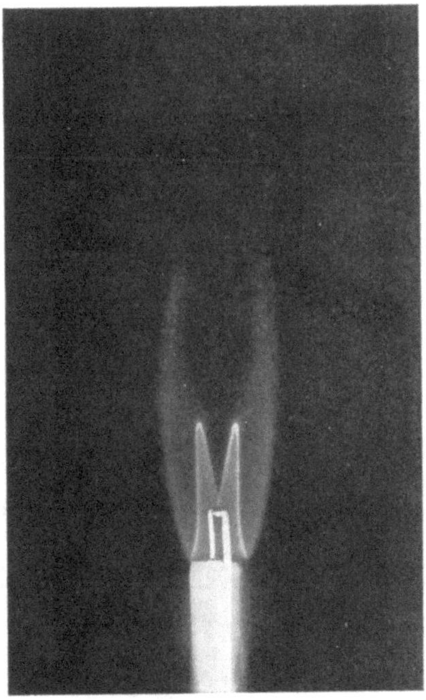

Fig. 17.

Verlag von VEIT & COMP. in Leipzig.